中等职业教育机械类专业改革创新教材

Inventor 2014 基础教程与实战技能

主　编　王　姬
副主编　金　培
参　编　朱　寅　潘荣荣
主　审　胡松涛

机械工业出版社

本书以 Inventor 2014 为主线，针对每个知识点进行图文并茂的讲解，使读者能够快速、熟练、深入地掌握 Inventor 2014 的设计知识。全书分为上、下两篇：上篇为基础知识，包括认识 Inventor 2014、零件建模基础、部件装配设计、工程图和设计表达五章内容；下篇为项目指导，包括千斤顶的设计、iPod 的设计、电热壶的设计、工作灯的设计和电吹风的设计五个项目。

本书可作为大中专院校、中高职院校和社会相关培训机构的教材，也可作为 Inventor 初学者及工程技术人员的自学用书。

图书在版编目（CIP）数据

Inventor 2014 基础教程与实战技能/王姬主编. —北京：机械工业出版社，2015.6（2023.6 重印）
中等职业教育机械类专业改革创新教材
ISBN 978-7-111-50139-8

Ⅰ.①I… Ⅱ.①王… Ⅲ.①机械设计-计算机辅助设计-应用软件-中等专业学校-教材 Ⅳ.①TH122

中国版本图书馆 CIP 数据核字（2015）第 091945 号

机械工业出版社（北京市百万庄大街 22 号　邮政编码 100037）
策划编辑：汪光灿　责任编辑：王莉娜
封面设计：张　静　责任校对：张莉娟
责任印制：邓　博
北京盛通商印快线网络科技有限公司印刷
2023 年 6 月第 1 版·第 8 次印刷
184mm×260mm·11.5 印张·261 千字
标准书号：ISBN 978-7-111-50139-8
定价：35.00 元

电话服务　　　　　　　　　网络服务
客服电话：010-88361066　　机 工 官 网：www.cmpbook.com
　　　　　010-88379833　　机 工 官 博：weibo.com/cmp1952
　　　　　010-68326294　　金 书 网：www.golden-book.com
封底无防伪标均为盗版　　　机工教育服务网：www.cmpedu.com

中等职业教育机械类专业"十二五"系列教材编委会

主　任：于万成
副主任：于光明　孙明红　刘其伟　王桂莲　汪光灿　张添孝
委　员（排名不分先后）：
　　　　　姚建平　柴　华　李志江　苗长兵　李银生　孙秀梅
　　　　　信玉芬　葛宪金　樊明涛　李　昊　张建起　赵焰平
　　　　　段接会　陈锡宗　何钻敏　苏　伟　朱红梅　于　水
　　　　　冯　斌　薛　峰　王　贤　罗建新　高洪辉　安　珂
　　　　　王寒里　朱来发　王　姬　李宝玲　李　召　余娅梅
　　　　　张尔薇　朱学明　荆荣霞　许鹏飞　张英臣　张　静
　　　　　马　超　马永清　卓良福
秘　书：齐志刚　王佳玮

本书介绍的 Autodesk Inventor Professional 2014（以下简称 Inventor 2014）是美国 Autodesk 公司的三维数字化设计软件。它融入了变量化技术的参数化三维特征造型技术，具有强大的实体造型能力，能够使设计者专注于设计创意的发挥，有助于工业产品的创新设计。

本书分为上篇和下篇，上篇为基础知识，包括五章，系统、图文并茂地介绍了 Inventor 2014 软件的主要功能。下篇为项目指导，通过工业产品设计的五个项目由浅入深地介绍了产品设计的流程，掌握 Inventor 2014 软件的特性。本书在编写过程中融入了企业工作情境，强调自主学习，旨在帮助读者，注重培养读者的创新能力和实践能力，具体表现在以下几个方面。

1. 在编写体例上，项目指导中的五个项目均以项目式教学法编排，每个项目均包括项目要求和项目分析，并以任务形式展开。

2. 在编写理念上，根据认知特点，对任务实施讲解的全部过程，均逐一配有屏幕图形，最大限度地简化了文字叙述，让读者可参照教材边学习边操作，力求在最短的时间内掌握 Inventor 2014 的设计方法。

3. 在项目选取上，所有项目全部取材于生产、生活实际，千斤顶、iPod、电热壶等项目既来源于生活，又是被读者所熟悉的工业产品，可以让读者有亲切感，不易产生畏难情绪。

本书由浙江省机械专业特级教师王姬任主编，金培任副主编，朱寅、潘荣荣参加编写，胡松涛主审。此外，本书的编写还得到了 Autodesk 公司肖尧老师的大力支持和同济大学赵卫东教授的很大帮助。编者在此一并致谢。

由于编者水平有限，书中难免有不足之处，敬请广大读者批评指正。

编　者

contents

前言

上篇 基础知识

第1章 认识 Inventor 2014 ········ 3
1.1 Inventor 2014 概述 ········ 3
1.2 Inventor 2014 的基本使用环境 ········ 4
  1.2.1 应用程序菜单 ········ 4
  1.2.2 创建项目文件 ········ 5

第2章 零件建模基础 ········ 8
2.1 零件建模的概述 ········ 8
2.2 草图 ········ 9
  2.2.1 环境参数的设置 ········ 9
  2.2.2 草图的创建方式 ········ 10
  2.2.3 草图工具 ········ 11
  2.2.4 草图编辑工具 ········ 15
  2.2.5 草图约束工具 ········ 19
2.3 基于草图的零件建模 ········ 22
  2.3.1 基于特征的建模 ········ 22
  2.3.2 草图特征 ········ 22
  2.3.3 放置特征 ········ 25
  2.3.4 定位特征 ········ 29

第3章 部件装配设计 ········ 30
3.1 部件设计基础 ········ 30
3.2 约束零部件 ········ 33
  3.2.1 位置约束 ········ 33
  3.2.2 约束的查看和编辑 ········ 35
3.3 编辑零部件 ········ 36
  3.3.1 修改零部件 ········ 36
  3.3.2 镜像零部件 ········ 36
  3.3.3 阵列零部件 ········ 37

  3.3.4 替换零部件 ········ 37
3.4 创建自适应零部件 ········ 37
  3.4.1 创建自适应零部件的方法 ········ 37
  3.4.2 创建自适应零部件的应用 ········ 38

第4章 工程图 ········ 42
4.1 工程图设置 ········ 42
  4.1.1 工程图创建环境 ········ 42
  4.1.2 工程图的样式与标准设置 ········ 43
4.2 工程图视图 ········ 48
4.3 工程图的标注 ········ 55
  4.3.1 工程图的尺寸 ········ 55
  4.3.2 工程图注释 ········ 60

第5章 设计表达 ········ 65
5.1 表达视图的创建 ········ 65
  5.1.1 表达视图的环境 ········ 65
  5.1.2 创建表达视图 ········ 65
5.2 表达视图的应用 ········ 66
5.3 渲染（Inventor Studio） ········ 71
  5.3.1 进入 Inventor Studio ········ 72
  5.3.2 设置表面样式、光源样式与场景样式 ········ 72
  5.3.3 制作渲染图像 ········ 73
  5.3.4 制作渲染动画 ········ 74

下篇 项目指导

项目一 千斤顶的设计 ········ 79
任务一 底座的设计 ········ 80
任务二 衬套的设计 ········ 83
任务三 螺纹杆的设计 ········ 85
任务四 转杆的设计 ········ 87

任务五　千斤顶的装配 …………… 88
项目二　iPod 的设计 …………… 91
　　任务一　主体的设计 ……………… 92
　　任务二　液晶屏、环形按钮、中心按钮
　　　　　　和开关的创建 …………… 94
　　任务三　细节的设计 ……………… 98
　　任务四　运用生成零部件命令生成部件
　　　　　　文件 …………………… 100
项目三　电热壶的设计 ………… 103
　　任务一　底座的设计 …………… 104
　　任务二　壶身的设计 …………… 107
　　任务三　把手的设计 …………… 113
　　任务四　壶底的设计 …………… 116
　　任务五　按钮的设计 …………… 121
　　任务六　壶盖、壶盖柄、连接环和销的

　　　　　　设计 …………………… 124
　　任务七　电热壶的装配设计 …… 127
项目四　工作灯的设计 ………… 134
　　任务一　底座的设计 …………… 135
　　任务二　灯罩的设计 …………… 137
　　任务三　上杆、下杆、旋钮、轴、开关和
　　　　　　底杆的设计 …………… 141
　　任务四　工作灯的装配设计 …… 153
项目五　电吹风的设计 ………… 156
　　任务一　前、后主体和开关的设计 … 157
　　任务二　出风嘴的设计 ………… 164
　　任务三　后盖、挂环的设计 …… 167
　　任务四　电吹风的装配设计 …… 172
参考文献 …………………………… 177

上篇

基础知识

第 1 章 认识 Inventor 2014

知识要点

1. Inventor 2014 的特点。
2. Inventor 2014 的用户界面。
3. 应用程序菜单。
4. 创建项目文件。

1.1 Inventor 2014 概述

Autodesk Inventor 是 Autodesk 公司推出的一款可视化三维实体建模软件，是针对机械设计、仿真、加工制造以及设计交流的三维设计软件。它用于帮助用户创建和验证完整的数字样机以减少物理样机的投入；帮助用户在数字样机设计流程中获得极大的优势，并且能在更短的时间内生产出更好的产品，以更快的速度将更多的创新产品推向市场。

Inventor 2014 具有强大的三维造型能力和良好的设计表达能力。与其他主流三维 CAD 软件相比，它具有以下特点。

1. 简单易懂的操作界面

Autodesk Inventor 采用 Autodesk 产品通用的功能区界面，与 Microsoft Office 最新版的风格一致，方便用户操作。图 1-1 所示为 Autodesk Inventor 2014 默认的用户界面。

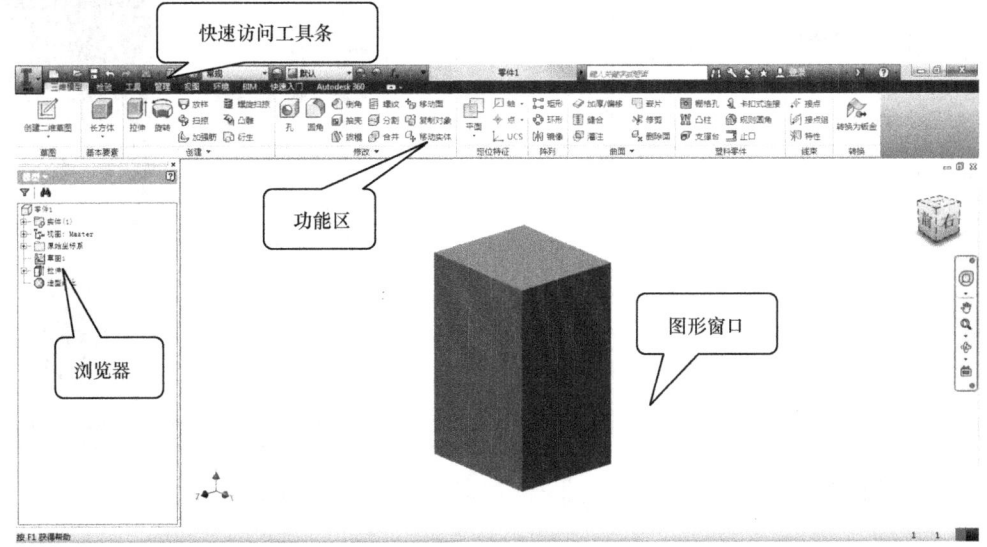

图 1-1

2. 智能简便的操作方式

Autodesk Inventor 2014 生成的交互是动态的、可视的、可预测的，用户可以直接参与模型交互及修改模型，同时还可以实时查看更改。

3. 简化模具设计

Autodesk Inventor 2014 产品线中包含自动化模具设计工具——Autodesk Moldflow，可以帮助用户优化模具设计并减少模具设计调试次数。

4. 支持多种数据格式

Autodesk Inventor 2014 能够导入、导出多种数据格式，如 IGES、Parasolid、ACIS 和 STEP 等，对于其他主流 CAD 软件的文件也能够读取自如。AutoCAD 的二维数据也能够毫无损失地移植到 3D 环境下。

1.2　Inventor 2014 的基本使用环境

1.2.1　应用程序菜单

单击位于 Inventor 2014 窗口左上角的 图标，会弹出应用程序菜单，如图 1-2 所示，其主要内容如下。

1. 新建文档

选择"新建"命令，弹出"新建文件"对话框，如图 1-3 所示，单击对应的模板就可创建基于此模板的文件，也可以通过单击其扩展名子菜单直接选定模板来创建文件。

图　1-2

图　1-3

Inventor 2014 有四种常用文件类型，见表 1-1。

表1-1　Inventor 2014 常用文件类型

文件类型	零件文件		部件文件		制图文档		表达视图
	标准零件	钣金零件	标准部件	焊接组件	.idw	.dwg	
文件图标	Standard.ipt	Sheet Metal.ipt	Standard.iam	Weldment.iam	Standard.idw	Standard.dwg	Standard.ipn

2. 打开文档

将鼠标指针悬停在"打开"选项上或者单击其文字后的右箭头按钮，会显示"打开""打开 DWG""从资源中心打开""导入 DWG"和"打开样例"命令，如图1-4 所示。选择"打开"命令，弹出"打开"对话框，如图1-5 所示。

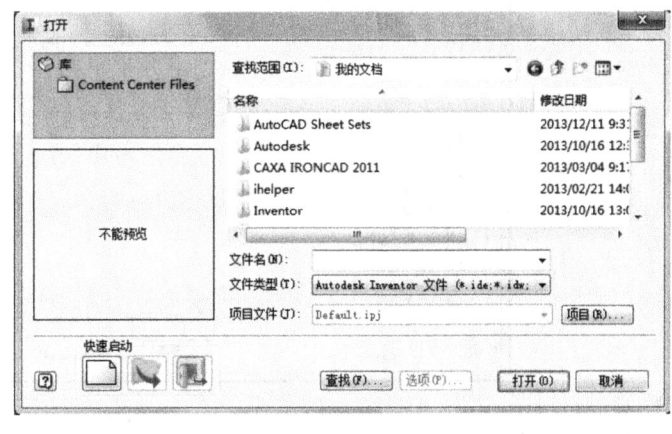

图　1-4　　　　　　　　　　　　　　图　1-5

3. 保存/另存为文档/导出

将激活的文档以指定格式保存到指定位置。Inventor 2014 支持多种格式的输出，如 IGES、Parasolid、ACIS 和 STEP 等。

1.2.2　创建项目文件

Autodesk Inventor 2014 使用项目来标识和管理与设计项目相关的文件和文件夹。进行设计时，为了便于查找和存储文件，首先需要创建项目文件。下面举例说明零件建模的一般流程。

【例1-1】　创建名为"千斤顶"的项目文件。

操作步骤如下：

步骤1：双击 Inventor 2014 图标，启动 Autodesk Inventor Professional 2014。单击"快速入门"选项卡下的"项目"按钮，如图1-6 所示，创建新的项目文件。

图 1-6

步骤2：在弹出的"项目"对话框中单击"新建"按钮，创建新的项目文件，如图1-7所示。

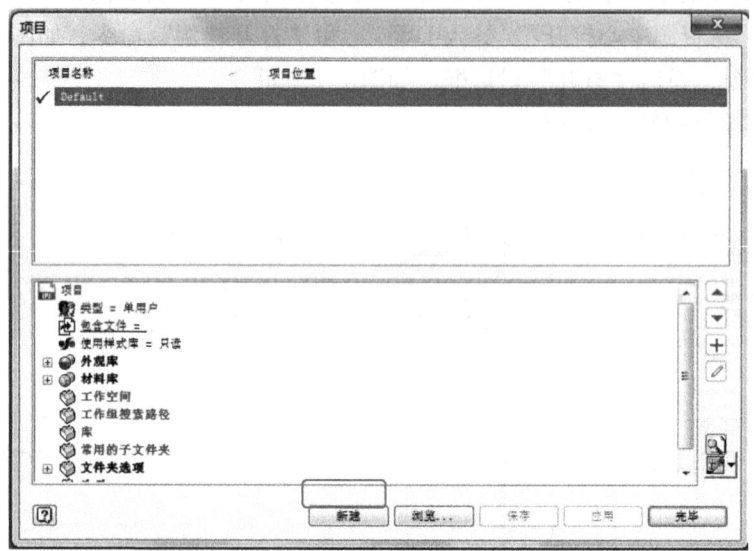

图 1-7

步骤3：在弹出的"Inventor项目向导"对话框中选择项目类型为"新建单用户项目"，如图1-8所示。

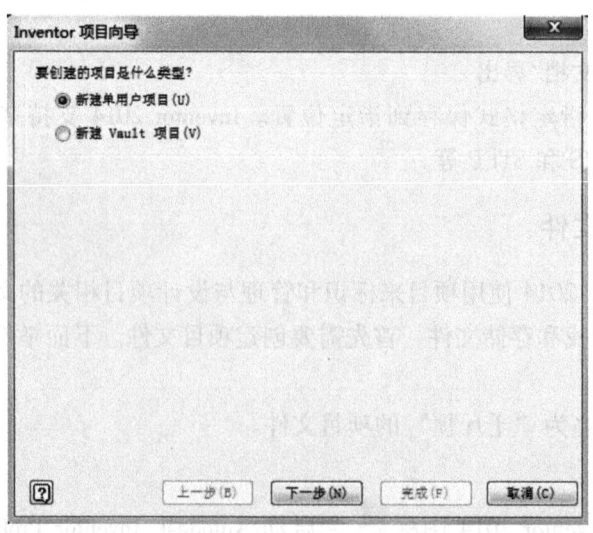

图 1-8

步骤 4：输入项目文件的名称"千斤顶"，指定项目（工作空间）文件夹所在的位置，如图 1-9 所示。

步骤 5：在弹出的"Inventor 项目编辑器"对话框中单击"确定"按钮，如图 1-10 所示。

步骤 6：完成上述步骤后，项目文件创建完成，Inventor 2014 将自动重新弹出"项目"对话框，此时"千斤顶"已经出现在项目名称的列表中，单击"完毕"按钮，如图 1-11 所示。后续执行保存操作时，Inventor 2014 会自动将文件保存到"千斤顶"文件夹中，执行打开操作时，Inventor 2014 将自动到"千斤顶"文件夹中查找文件。

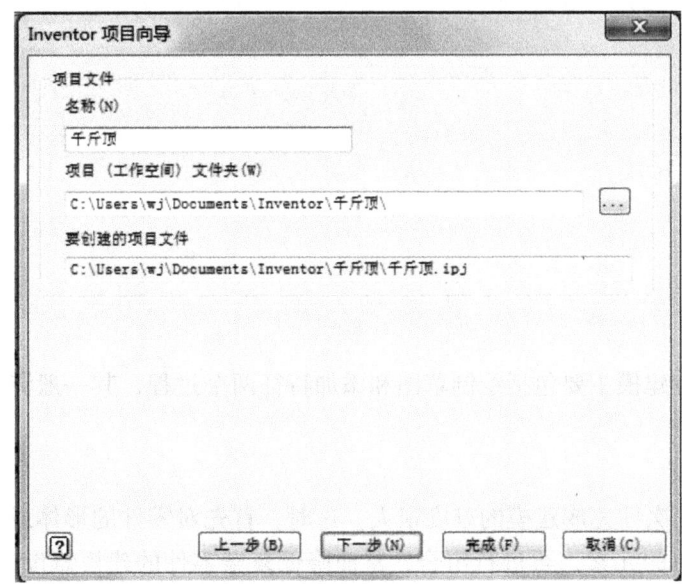
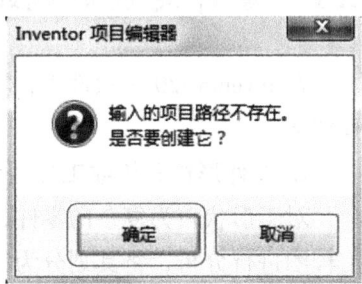

图 1-9　　　　　　　　　　　　　　　　图 1-10

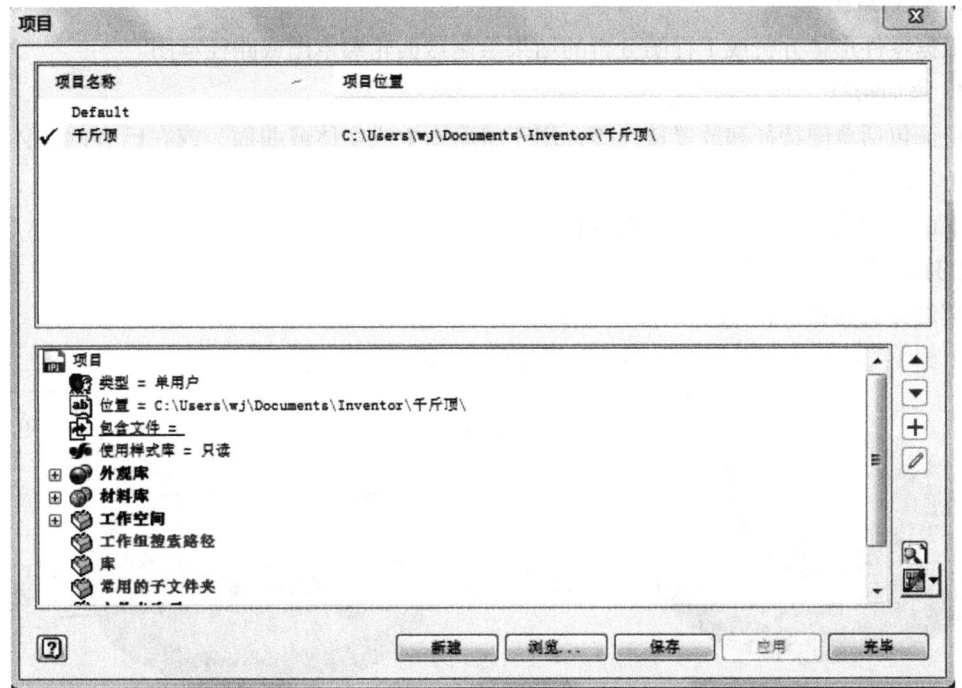

图 1-11

第 2 章 零件建模基础

知识要点

1. 零件建模的概述。
2. 草图绘制、编辑与约束功能。
3. 零件建模操作。

2.1 零件建模的概述

在 Inventor 2014 软件中,零件建模主要包括绘制草图和添加特征两个过程,其一般流程如下:

1. 零件形体分析或工程图分析

对于形状较为复杂的零件,一次性完成建模的难度很大。这时,首先对零件的形体或工程图进行分析,将其划分为简单的元素,再进行组合,从而降低复杂零件的建模难度,并减少错误。

2. 绘制草图

根据零件形体分析或工程图分析的结果绘制截面轮廓草图或路径草图。

3. 添加特征

特征包括草图特征和放置特征等,用于将草图生成实体或曲面,或在已有的实体上添加倒角和圆角等。

下面举例说明零件建模的一般流程。

【例 2-1】 完成如图 2-1 所示轴承盖的创建。

其设计流程如下:

步骤 1:对轴承盖零件进行零件形体分析,如图 2-2 所示。

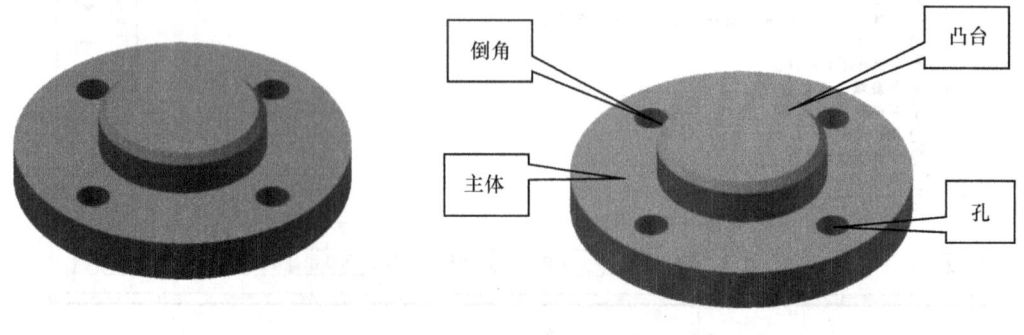

图 2-1　　　　　　　　　　图 2-2

步骤 2：绘制主体的截面轮廓草图，如图 2-3 所示。

步骤 3：添加"拉伸"特征，如图 2-4 所示。

步骤 4：创建凸台部分，如图 2-5 所示。

步骤 5：创建孔特征，并创建孔特征的环形阵列，如图 2-6 所示。

步骤 6：添加倒角特征，完成后如图 2-7 所示。

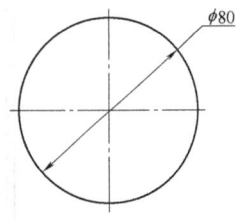

图 2-3

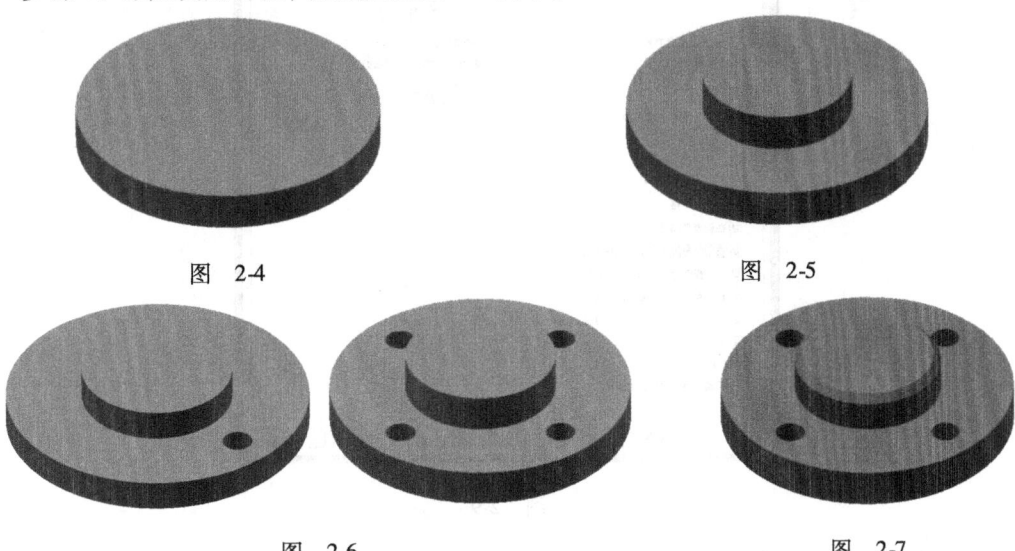

图 2-4　　　　　　　　　　　图 2-5

图 2-6　　　　　　　　　　　图 2-7

2.2 草图

所有三维设计都是从草图开始的，这是因为草图是进行三维建模的基础。通常情况下，基础特征和其他特征都是由包含草图中的二维几何图元创建的。

2.2.1 环境参数的设置

单击工具面板上"工具"选项卡中的"应用程序选项"按钮，可进行草图环境参数的设置，如图 2-8 所示。

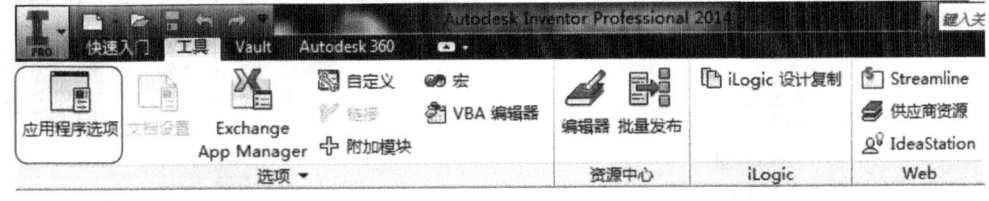

图 2-8

选择"应用程序选项"对话框中的"草图"选项卡，即可设置关于绘制草图的首选项，其中包括"约束放置优先""显示"等选项组；选择"颜色"选项卡，可对绘图环境的颜色进行设置，如图 2-9 所示。

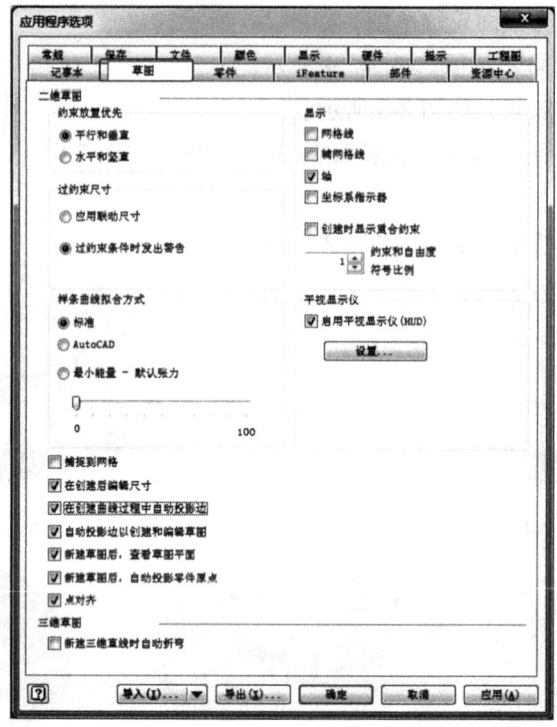

图 2-9

2.2.2 草图的创建方式

创建草图的命令有以下三种。

1）在原始坐标系的坐标平面（包括 XY 坐标面、YZ 坐标面和 XZ 坐标面）上创建草图，如图 2-10 所示。

2）在已有特征的平面上创建草图，如图 2-11 所示。

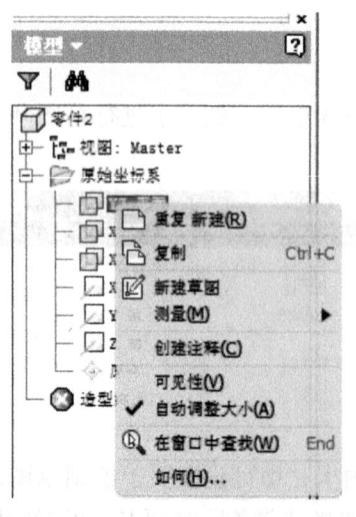

图 2-10

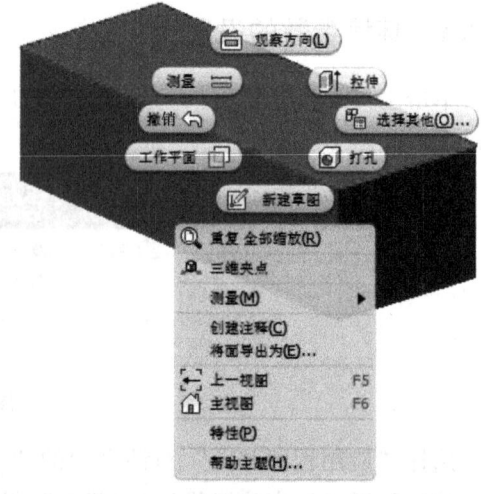

图 2-11

3）在新建工作平面上创建草图，如图 2-12 所示。

2.2.3 草图工具

在草图环境中，二维草图面板包含可使用的草图工具按钮，如图 2-13 所示。二维草图面板中包含绘制几何图元使用的所有工具。

1. 创建直线

单击草图绘制面板中的直线按钮 ，可创建直线，如图 2-14a 所示。连续单击直线端点，可不间断地绘制多条直线，如图 2-14b 所示。

也可运用直线命令来创建圆弧，即在线段的端点长按鼠标左键不放，沿圆弧路径移动光标，待光标移动到路径终点时释放鼠标左键，可以得到以下两种圆弧，如图 2-15 所示。

图 2-12

图 2-13

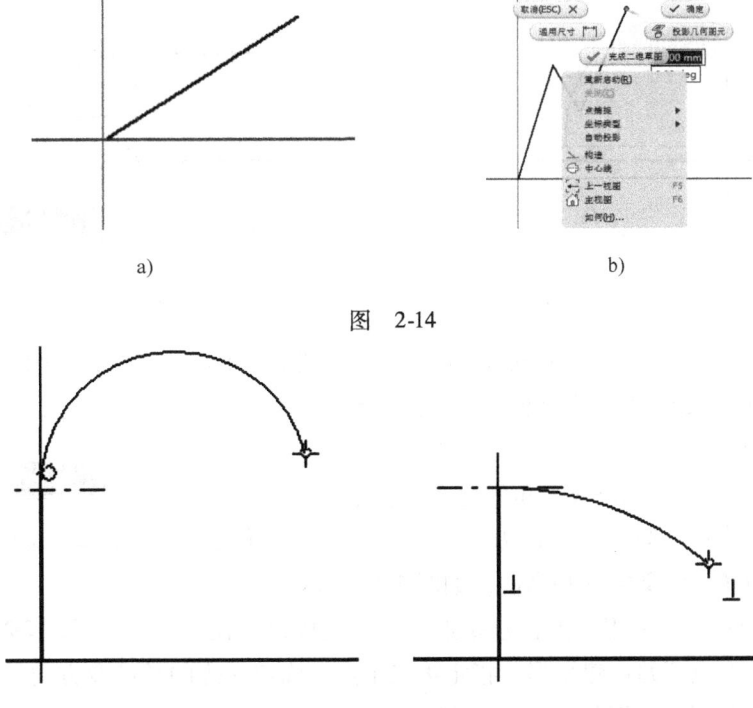

图 2-14

图 2-15

2. 创建圆

（1）圆心圆 ⊙ 指定圆的圆心，然后使用光标动态指定直径，如图 2-16 所示。

（2）相切圆 ◎ 依次选择三个几何图元，创建与选中的三个几何图元相切的圆，如图 2-17 所示。

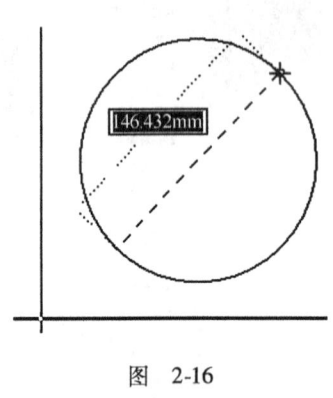

图 2-16

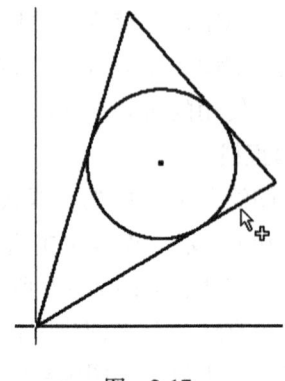

图 2-17

3. 创建圆弧

（1）三点圆弧 ⌒ 通过单击三次鼠标左键分别指定圆弧的起点、终点和中心点，从而完成圆弧的创建，如图 2-18 所示。

（2）相切圆弧 ⌒ 创建与其他几何图元相切的圆弧。单击此按钮，在图形区单击其他几何图元的端点开始绘制圆弧（圆弧在此点处与几何图元相切），单击第二个点放置圆弧，如图 2-19 所示。

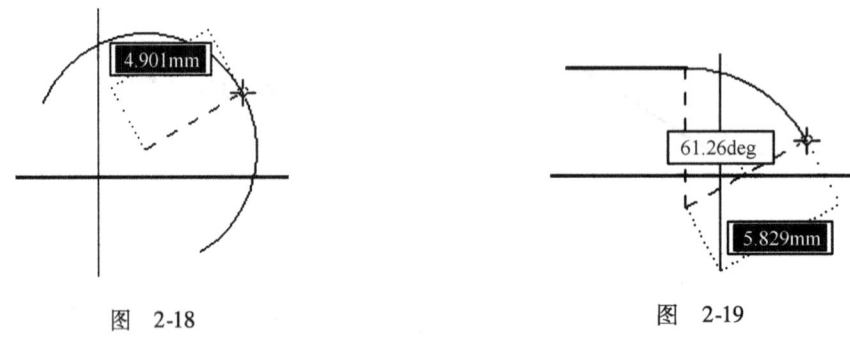

图 2-18　　　　　图 2-19

（3）圆弧圆心 ⌒ 创建由圆心和两个端点定义的圆弧。单击此按钮，在图形区选择三个点作为圆弧的圆心、起点和终点来创建圆弧，如图 2-20 所示。

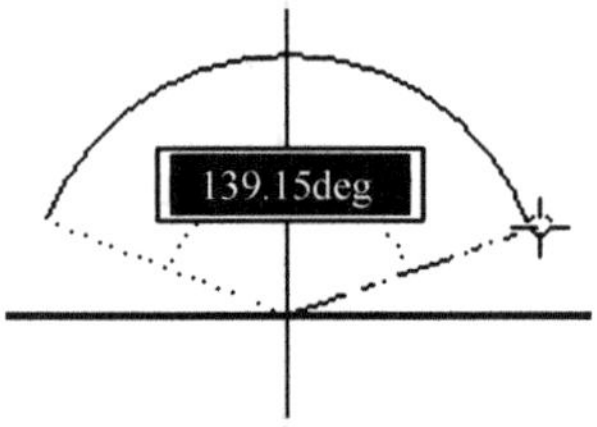

4. 创建矩形

（1）两点矩形 □ 利用成对角的两个点创建矩形。单击此按钮，在图形区指定第一个点作为矩形的起点，指定第二点作为矩形的对角点定义宽度和高度，如图 2-21 所示。

（2）三点矩形 ◇ 利用三点创建矩形。单击此按钮，在图形区指定第一个点开始创建矩形，指定第二个点以确定一边的长度及方向，指定第三个点以定义邻边的长度（矩形的宽），如图 2-22 所示。

图 2-20

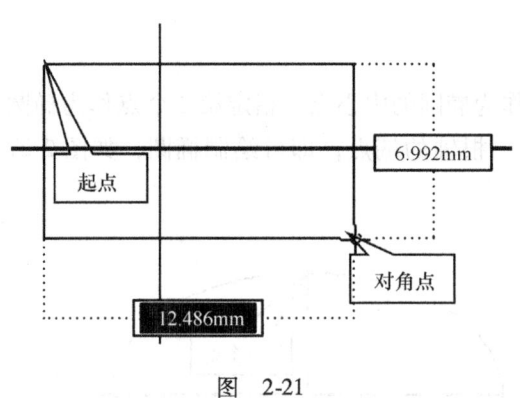
图 2-21

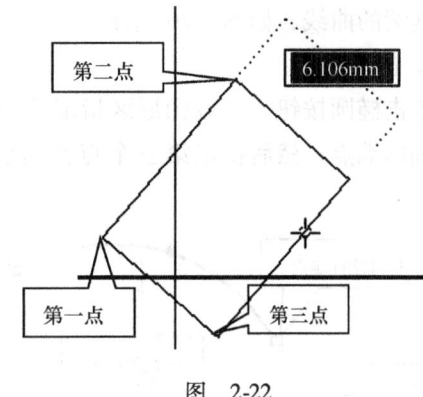
图 2-22

（3）两点中心矩形 利用矩形的中心点和任意一个直角的顶点创建矩形。单击此按钮，在图形区指定矩形的中心点，指定第二点作为矩形的直角顶点以定义宽度和高度，如图 2-23 所示。

（4）三点中心矩形 利用三点创建矩形。单击此按钮，在图形区指定第一个点作为矩形的中心点，指定第二点以确定一边的方向和距离，指定第三点以定义相邻边的距离，如图 2-24 所示。

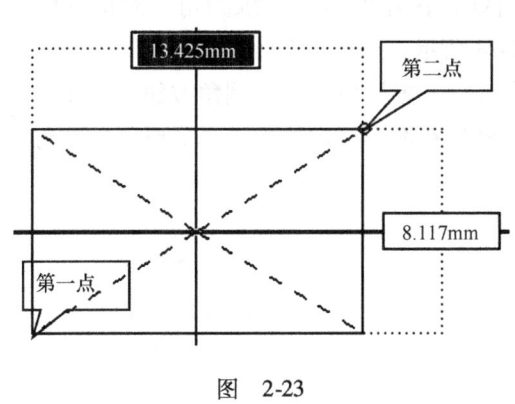
图 2-23

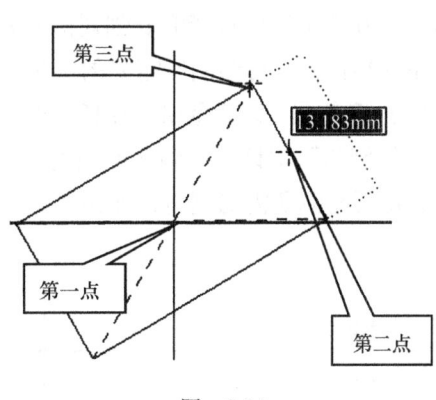
图 2-24

5. 创建样条曲线

（1）样条曲线（插值） 该命令通过选定一系列点来创建样条曲线。单击此按钮，在图形区指定第一个点作为起点，选定一系列点作为样条曲线的拟合点。当样条曲线绘制结束时，可单击鼠标右键并在弹出的快捷菜单中选择"创建"命令，完成曲线的绘制，如图 2-25 所示。

（2）桥接曲线 该命令用于在选定的两条曲线之间创建平滑连续的曲线。单击此按钮，在图形区选择第一条曲线的一个端点，再选择另一条曲线的一个端点，可在两曲线之间创建

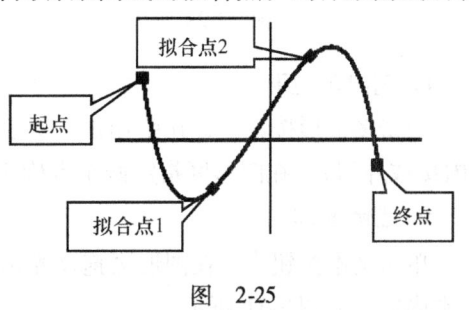
图 2-25

平滑连续的曲线，如图 2-26 所示。

6. 创建椭圆

单击椭圆按钮⊙，在图形区指定第一个点作为椭圆的中心点，指定第二个点作为椭圆一根轴的端点，然后指定第三个点作为椭圆另一根轴的端点，即可绘制椭圆，如图 2-27 所示。

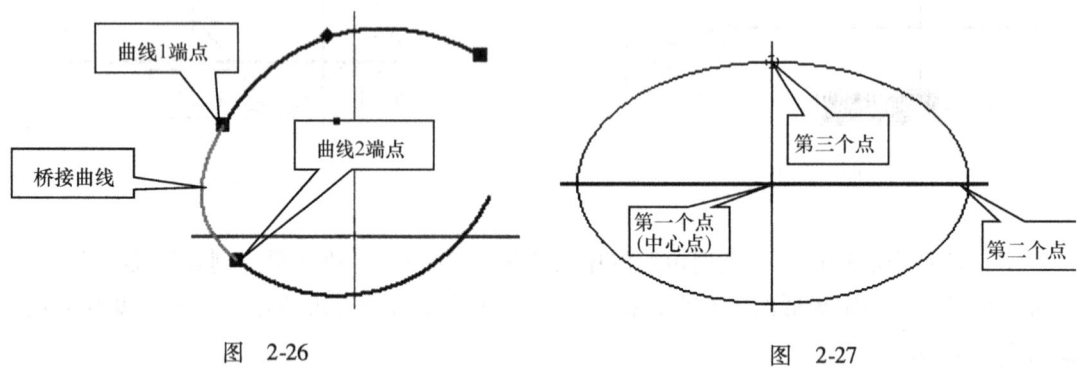

图 2-26　　　　　　　　　　图 2-27

7. 创建圆角、倒角

（1）圆角　　该命令用于在拐角或两条线的交点处放置指定半径的圆弧。单击圆角按钮，在图形区内选择需要创建圆角的两条直线，在弹出的"二维圆角"对话框中输入圆角的半径，即可绘制所需要的圆角，如图 2-28 所示。

（2）倒角　　该命令用于在任意两条线的交点处放置倒角。单击倒角按钮，在弹出的"二维倒角"对话框中输入倒角的尺寸参数，然后在图形区内依次选择需要创建倒角的直线，即可绘制所需的倒角，如图 2-29 所示。

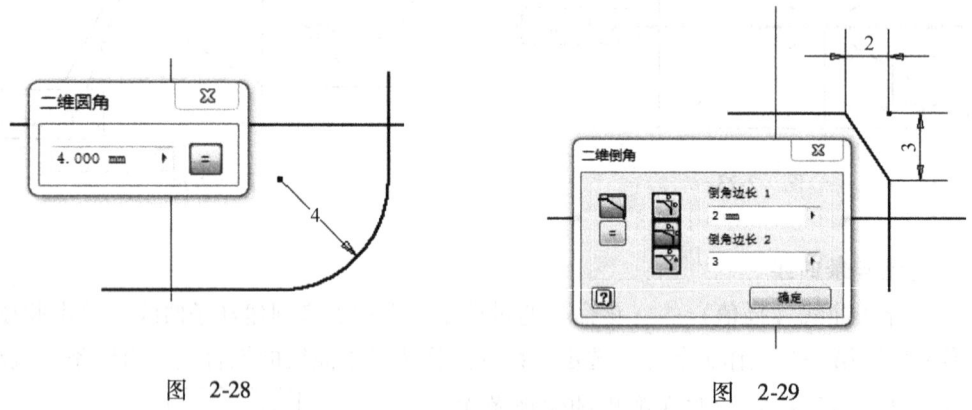

图 2-28　　　　　　　　　　图 2-29

8. 创建多边形

单击多边形按钮，在弹出的"多边形"对话框中指定多边形边的数量和创建方法（内接或外切），在图形区指定两个点确定多边形的中心和大小，如图 2-30 所示。

9. 创建文本

单击文本按钮**A**，在图形区拖动光标绘制文本框，然后在弹出的对话框中输入需要的文本内容，如图 2-31 所示。

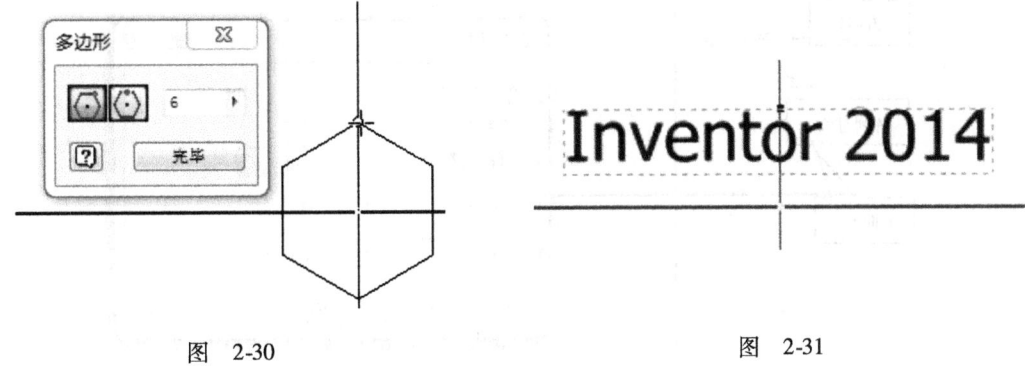

图 2-30   图 2-31

10. 投影几何图元

（1）投影几何图元   该命令将不在当前草图中的几何图元投射到当前草图以便使用。单击几何图元按钮，在图形区选择要投射的对象，该对象将被投射到当前草图，如图 2-32 所示。

（2）投影切割边   该命令可以将当前草图平面与现有结构的截交线投射到当前草图中，如图 2-33 所示。

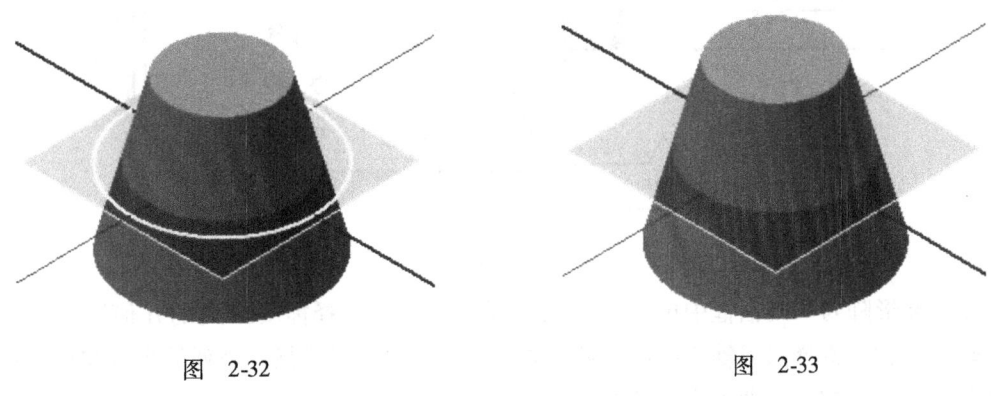

图 2-32   图 2-33

2.2.4 草图编辑工具

在草图环境中，编辑特征和编辑草图是参数化模型设计的基本技能。编辑草图完成后，特征会随着草图的变化而变化。

1. 创建矩形阵列

矩形阵列用于复制选定的草图几何图元并使其按照指定的方向排列。单击矩形阵列按钮，弹出"矩形阵列"对话框，如图 2-34 所示。

在"矩形阵列"对话框中单击"几何图元"按钮，选择要阵列的几何图元，再在"方向 1"选项组中选择边或定位特征以指定第一个方向，并指定该方向上阵列的数量和间距。用同样的方法在"方向 2"选项组中进行指定，最后单击"确定"按钮，即可完成矩形阵列的创建。

在选择阵列方向时，单击按钮即可选择与现有方向相反的阵列方向。

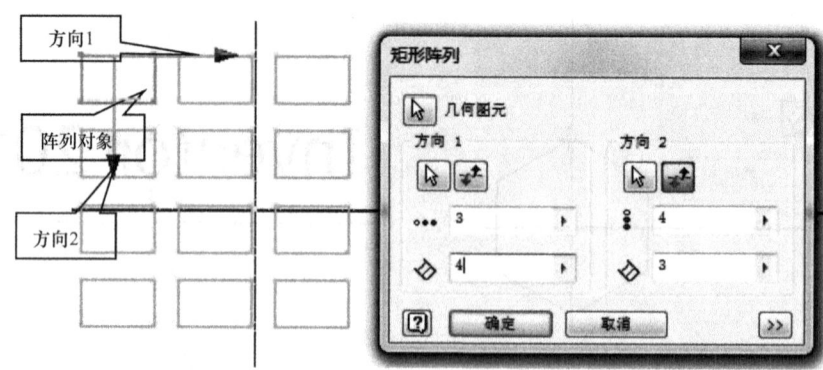

图 2-34

2. 创建环形阵列

环形阵列用于复制选定的几何图元并使它们以环形方式排列。单击环形阵列按钮，弹出"环形阵列"对话框，如图 2-35 所示。

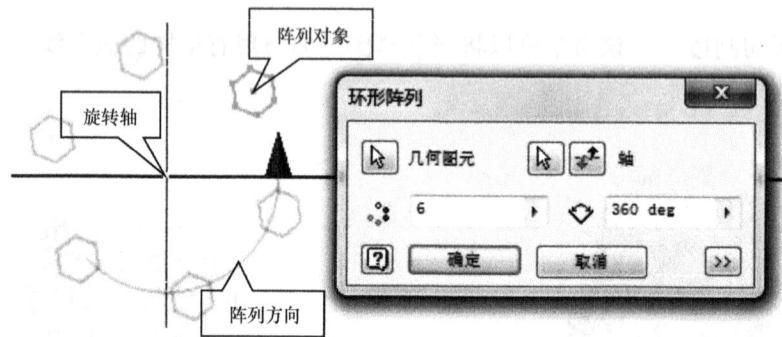

图 2-35

在"环形阵列"对话框中单击"几何图元"按钮，选择需要阵列的几何图元；再单击"轴"按钮，选择点或轴线以指定环形阵列的旋转轴；然后指定阵列的数量和角度；最后单击"确定"按钮，即可完成环形阵列的创建。

在选择阵列方向时，单击按钮即可选择与现有方向相反的阵列方向。

3. 创建镜像

镜像用于以所选直线为镜像轴，镜像所选的草图几何图元。单击镜像按钮，弹出"镜像"对话框，如图 2-36 所示。

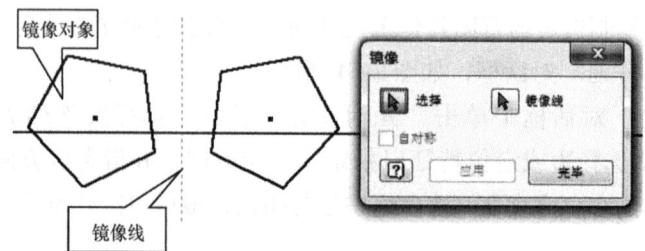

图 2-36

在"镜像"对话框中单击"选择"按钮,选择要镜像的几何图元;再单击"镜像线"按钮,选择一条直线作为镜像线;最后单击"应用"按钮,完成镜像的创建。

4. 创建移动

移动用于从指定的点移动选定的草图几何图元。单击移动按钮，弹出"移动"对话框,如图2-37所示。

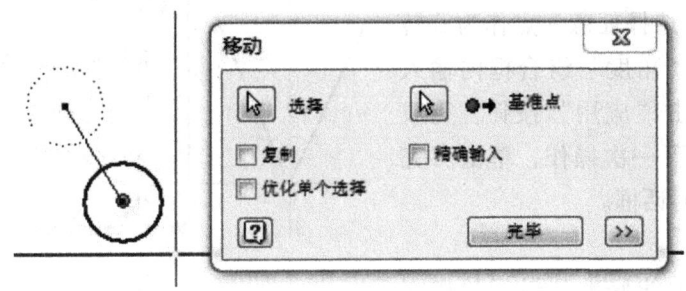

图 2-37

在"移动"对话框中单击"选择"按钮,选择要移动的几何图元;再单击"基准点"按钮,选择任意一点作为移动的起始点,单击该点并将其移动至指定位置;再次单击鼠标左键即可确定移动的终点位置;最后单击"完毕"按钮,完成操作。

选中对话框中的"复制"复选框,可复制所选几何图元且原几何图元保持不变。

选中对话框中的"精确输入"复选框,可以输入基准点和终点的精确坐标。

选中对话框中的"优化单个选择"复选框,则选择单一几何图元后,将自动前进到"基准点"选择,不能重复选择几何图元。清除该复选框,则可以在选择基准点之前选择多个几何图元进行移动。

5. 创建复制

复制用于复制选定的草图几何图元并在草图中装入一个或多个引用,还可以将选择的内容复制到 Autodesk Inventor 剪贴板以用于将来的粘贴操作。单击复制按钮，弹出"复制"对话框,如图2-38所示。

在"复制"对话框中单击"选择"按钮,选择要复制的几何图元;再单击"基准点"按钮,选择任意一点作为复制的起始点;单击该点并将其移动至指定位置,再次单击鼠标左键即可确定移动的终点位置,继续移动基准点并重复上述过程即可创建多个复制结果;最后单击"完毕"按钮,完成操作。

选中对话框中的"剪贴板"复选框,可保存选定几何图元的临时副本以粘贴到草图中。对话框中的"精确输入"和"优化单个选择"复选框,与"移动"命令中相应复选框的功能相同。

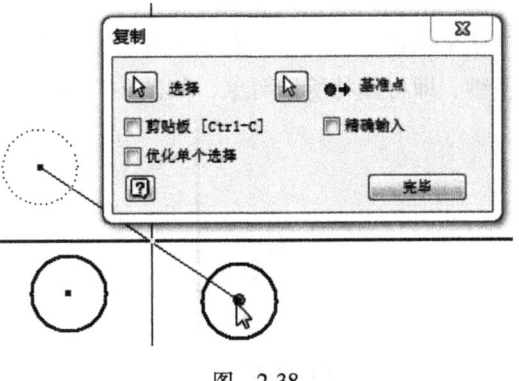

图 2-38

6. 创建旋转

旋转用于将选定的草图几何图元相对于指定的中心进行旋转。单击旋转按钮↻，弹出"旋转"对话框，如图 2-39 所示。

在"旋转"对话框中单击"选择"按钮，选择要旋转的几何图元；再单击"中心点"按钮，选择任意一点作为旋转中心点；然后在"角度"组合框内输入旋转角度，再单击"应用"按钮，完成此次操作并进行下一次操作，单击"完毕"按钮则关闭对话框。

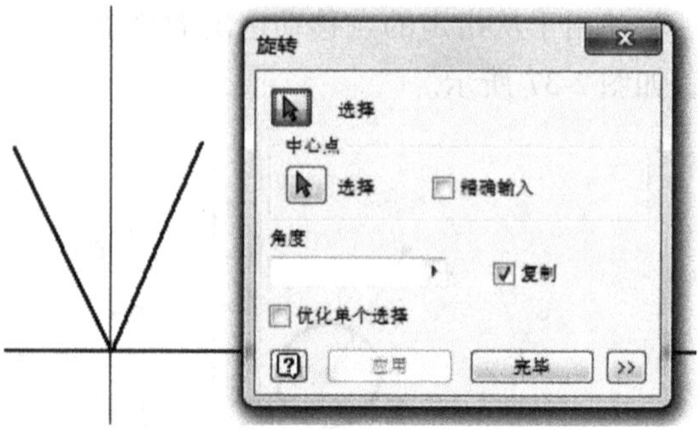

图 2-39

7. 创建修剪

修剪用于将曲线修剪到最近的相交曲线或选定的边界几何图元。单击修剪按钮，在几何图元上停留光标来预览修剪效果，此时被修剪段会呈虚线显示，然后单击鼠标，将修剪所选对象，如图 2-40 所示。

8. 创建分割

分割用于将几何图元分割为多个部分。单击分割按钮╺┼╸，在几何图元上停留光标来预览分割效果，然后单击鼠标，将分割所选对象，如图 2-41 所示。

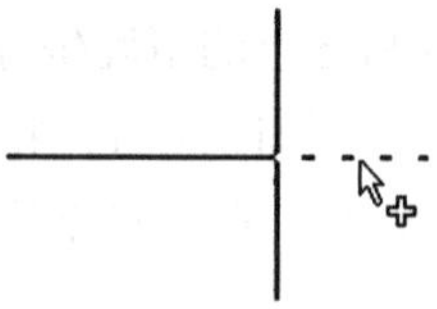

图 2-40 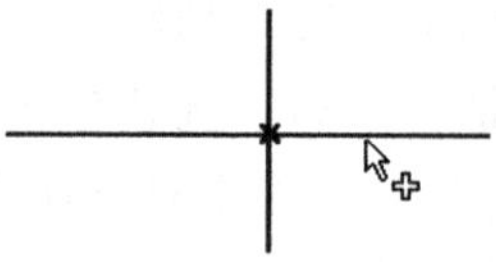   图 2-41

9. 创建延伸

延伸用于将曲线延伸到最近的相交曲线或选定的边界几何图元。单击延伸按钮，在几何图元上停留光标来预览延伸效果，然后单击鼠标左键，将延伸所选对象，如图 2-42 所示。

10. 创建偏移

单击偏移按钮，选择要偏移的几何图元，移动鼠标选择偏移的位置，然后单击鼠标左键，即可偏移所选对象，如图 2-43 所示。

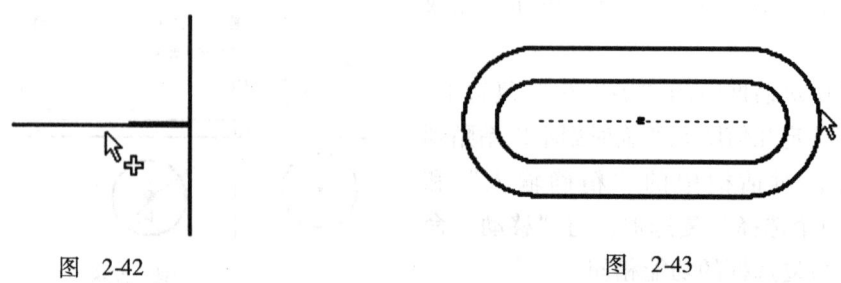

图 2-42   图 2-43

2.2.5 草图约束工具

绘制草图时，系统会自动推断并添加一些约束。在大多数情况下，这些约束会限制草图过程的进行，这就需要添加其他一些约束来控制草图几何图元的形状。草图约束包括几何约束和尺寸约束两种，用于确定草图的最终形状和大小。

1. 创建重合约束

重合约束用于将点约束到其他几何图元上。单击重合按钮，分别选择两个几何图元上的点，将这两点重合，如图2-44所示。

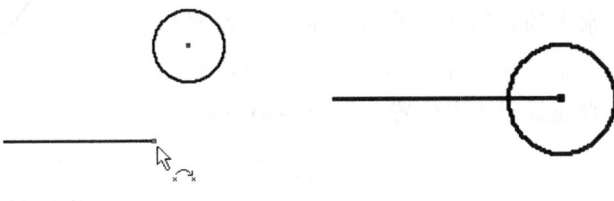

图 2-44

2. 创建平行约束

平行约束用于使所选的线性几何图元互相平行。单击平行按钮，分别选择待应用平行约束的两个几何图元，使其平行，如图2-45所示。

3. 创建相切约束

相切约束用于使曲线与曲线相切。单击相切按钮，依次选择待应用相切约束的两个几何图元，使其相切，如图2-46所示。

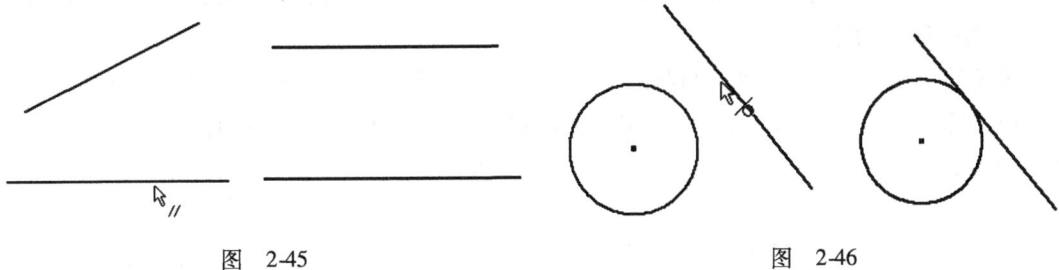

图 2-45　　　　　　　　　　　　图 2-46

4. 创建共线约束

共线约束用于使选定的直线或椭圆轴位于同一直线上。单击共线按钮，依次选择待应用共线约束的两个对象，使其共线，如图2-47所示。

5. 创建垂直约束

垂直约束用于使选定的两条直线垂直。单击垂直按钮，依次选择待应用垂直约束的两个对象，使其垂直，如图2-48所示。

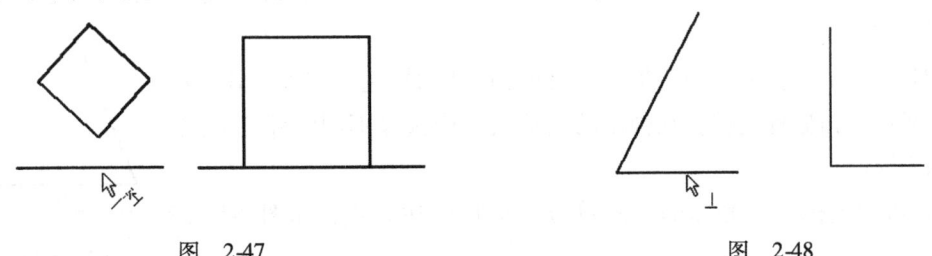

图 2-47　　　　　　　　　　　　图 2-48

6. 创建同心约束

同心约束用于使两个圆弧、圆或椭圆具有同一圆心。单击同心按钮 ◎，依次选择待应用同心约束的两个对象，使两者同心，如图 2-49 所示。

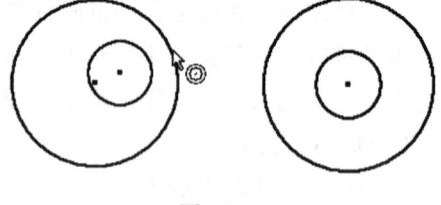

图 2-49

7. 创建水平约束

水平约束用于使直线或成对的点平行于草图的水平轴。单击水平按钮 ，再单击直线，便会使此直线处于水平位置，如图 2-50 所示。

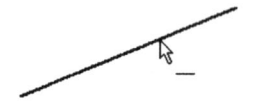

图 2-50

水平约束也可用于使选定的两个几何图元（如两条线的端点或中点）位于同一水平线上。

8. 创建对称约束

对称约束用于使两个几何图元关于选定直线对称。单击对称按钮 ，依次选择待应用对称约束的两个对象，再单击对称轴线，使两个几何图元对称，如图 2-51 所示。

对称约束也可用于使选定的两个几何图元（如两条线的端点或中点）位于同一竖直线上。

9. 创建等长约束

等长约束用于将选定的圆和圆弧约束为相同的半径，将选定的线段约束为相同的长度。单击等长按钮 ，依次选择待应用等长约束的两个对象，使两者具有相同的尺寸，如图 2-52 所示。

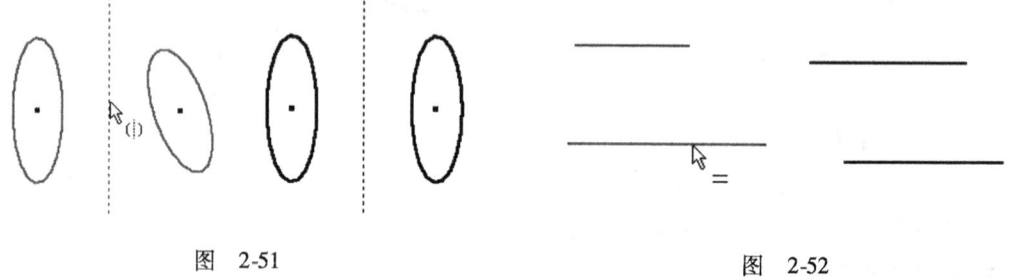

图 2-51　　　　　　　　　　　图 2-52

10. 创建线性尺寸约束

1）要添加线性尺寸，可以直接单击选择对象，也可以用选择两点距离的方式添加尺寸，如图 2-53 所示。

2）对于原始坐标系不平行的直线，线性尺寸的标注有三种方式，可在选择直线后单击鼠标右键，在弹出的快捷菜单中选择不同的标注方式，如图 2-54 所示。

3）还可根据标注时光标的提示符号来选择标注方式，如图 2-55 所示。

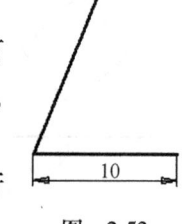

图 2-53

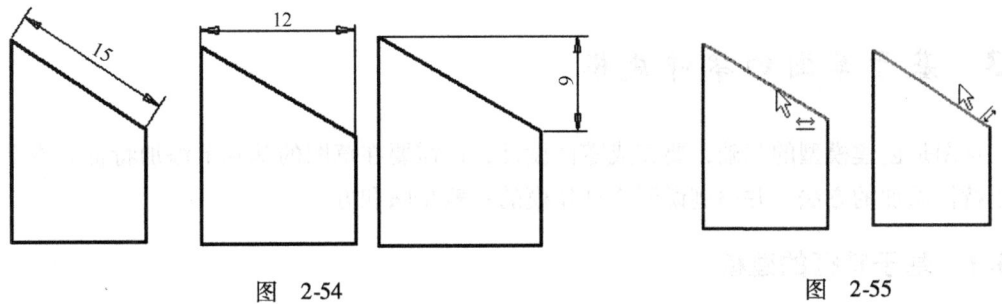

图 2-54　　　　　　　　　　　　图 2-55

4）标注几何图元到圆的距离时，直接选取圆，则会标注几何图元到圆心的距离，如图 2-56a 所示。将光标移动到圆轮廓附近，待出现提示符号时单击圆，则可标注几何图元到圆轮廓的距离，如图 2-56b 所示。

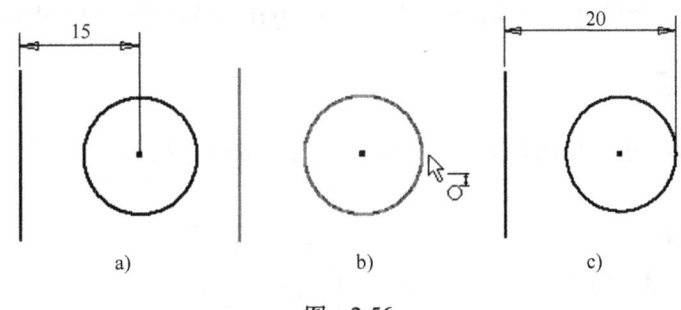

图 2-56

5）标注直线到中心线的距离时，尺寸数字前会自动添加符号 φ，如图 2-57 所示。

11. 创建圆类尺寸约束

1）标注圆类尺寸时，软件默认标注圆的直径尺寸和圆弧的半径尺寸，如图 2-58 所示。

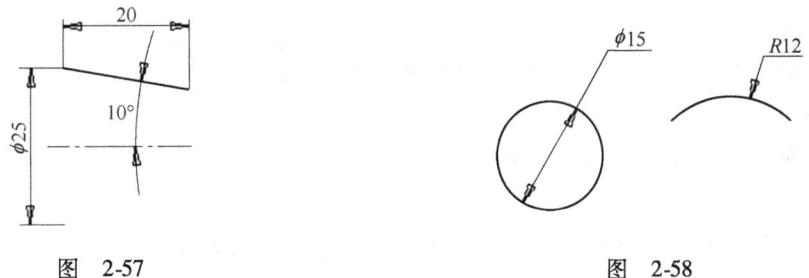

图 2-57　　　　　　　　　　　　图 2-58

2）对于椭圆，则应对其长轴尺寸和短轴尺寸分别进行标注，如图 2-59 所示。

12. 创建角度尺寸约束

角度尺寸可以通过选择构成角的两条边或三个点来标注，如图 2-60 所示。

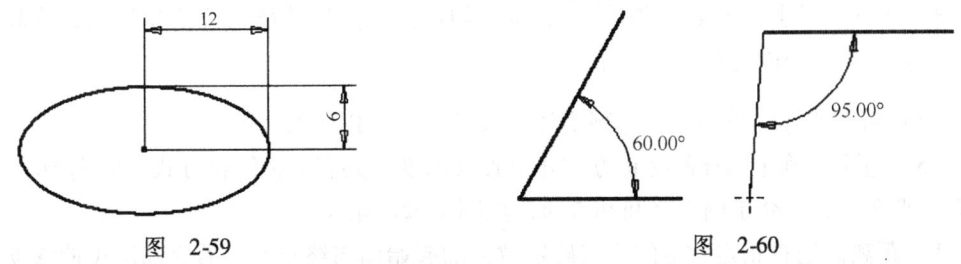

图 2-59　　　　　　　　　　　　图 2-60

2.3 基于草图的零件建模

草图是创建模型的基础,要完成零件设计,还需要在草图的基础上添加特征。本节将介绍特征添加的方法,并举例说明零件建模的一般步骤和方法。

2.3.1 基于特征的建模

零件设计建模里的特征主要分为以下三大类。
1)草图特征。在草图的基础上添加特征,如拉伸、旋转等。
2)放置特征。在已有特征上添加的特征,如圆角、倒角等。创建这些特征不需要草图。
3)定位特征。建模过程中的辅助特征,主要为其他特征的添加提供定位对象。

2.3.2 草图特征

在 Inventor 2014 里,草图特征包括拉伸、旋转、放样、扫掠、加强筋、螺旋扫掠、凸雕和贴图。

1. 创建拉伸特征

拉伸特征用于通过向开放或者闭合的截面轮廓添加深度来创建特征或实体。单击拉伸按钮,弹出"拉伸"对话框,如图 2-61 所示。

"拉伸"对话框中"形状"选项卡下各选项的含义如下:

(1)截面轮廓 用于选择要拉伸的面域或截面轮廓。

(2)输出 求出"实体"和"曲面"两种特征。

图 2-61

(3)运算 指定拉伸与其他特征或实体进行求并、求差或求交。

1)求并。单击"求并"按钮 ![], 将拉伸特征产生的体积添加到另一个特征或实体。

2)求差。单击"求差"按钮 ![], 将拉伸特征产生的体积从另一个特征或实体中去除。

3)求交。单击"求交"按钮 ![], 将拉伸特征和其他特征的公共体积创建为新特征,未包含在公共体积内的材料被去除。

(4)新建实体 单击"创建新实体"按钮 ![], 创建新实体。

(5)范围 确定拉伸的终止方式并设置其深度。共有五种终止方式,分别为距离、到表面或平面、到、介于两面之间和贯通,如图 2-62a 所示。

1)距离。通过指定数值的方式确定拉伸的起始面与终止面,需要确定拉伸深度。

2）到表面或平面。单击其按钮，选择拉伸的终止面。

3）到。通过选择已有特征的表面作为终止条件指定拉伸范围。

4）介于两面之间。通过制订拉伸的起始面与终止面确定拉伸范围。

5）贯通。在指定方向上贯通整个空间。

（6）拉伸距离　指定拉伸的深度数值，如图2-62b所示。

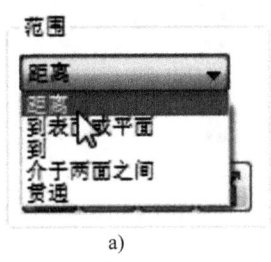
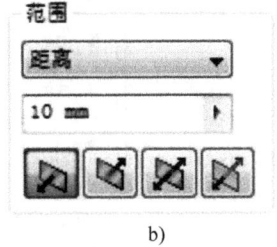

图 2-62

（7）拉伸方向　指定拉伸的方向，共有 四种类型。

1）方向1。拉伸的默认方向。

2）方向2。默认方向的反方向。

3）对称。从截面轮廓所在的草图平面向两个方向等距离拉伸。

4）不对称。从截面轮廓所在的草图平面向两个方向不等距离拉伸。

2. 创建旋转特征

旋转特征是用草图截面轮廓绕某一旋转轴旋转而创建的特征。单击旋转按钮，弹出"旋转"对话框，如图2-63所示。

用于创建旋转特征的旋转轴可以是工作轴、构造线或普通的直线。旋转特征的终止方式有"角度""到""介于两面之间"和"全部"四种，如图2-63所示。

图 2-63

3. 创建放样特征

放样特征是在两个或更多草图之间创建过渡形状，如图2-64所示。

图 2-64

4. 创建扫掠特征

扫掠特征是指定的草图截面轮廓沿选定的路径移动而产生的特征，如图2-65所示。

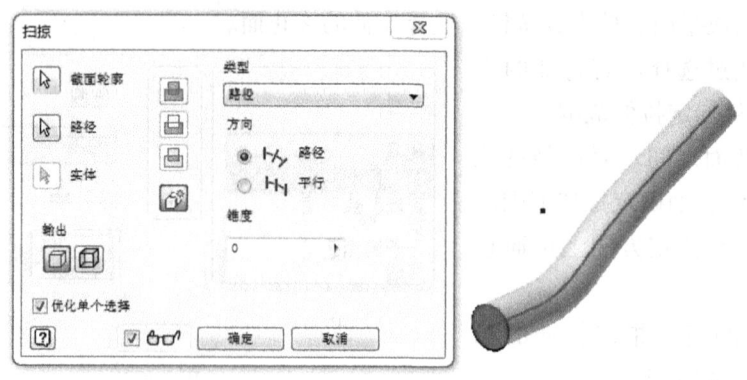

图 2-65

5. 创建加强筋特征

加强筋特征可将加强筋骨架草图快速生成加强筋或肋板特征，如图 2-66 所示。

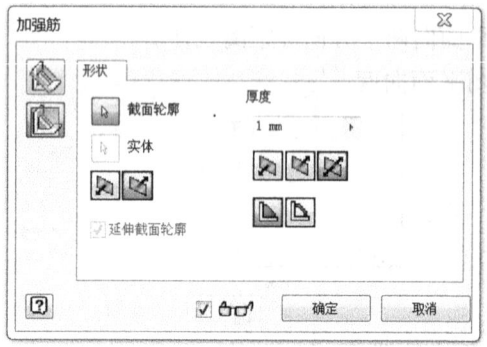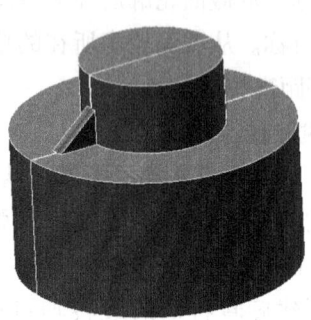

图 2-66

6. 创建螺旋扫掠特征

螺旋扫掠特征用于创建基于螺旋的特征或实体，如图 2-67 所示。

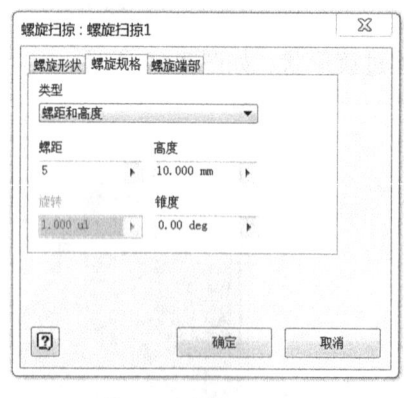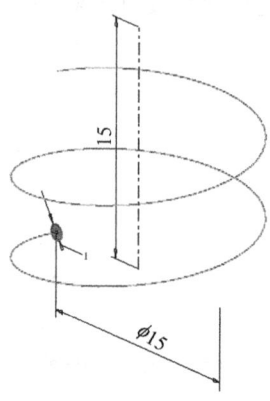

图 2-67

7. 创建凸雕特征

凸雕特征是用截面轮廓在实体上创建凸出或凹入的特征，如图 2-68 所示。

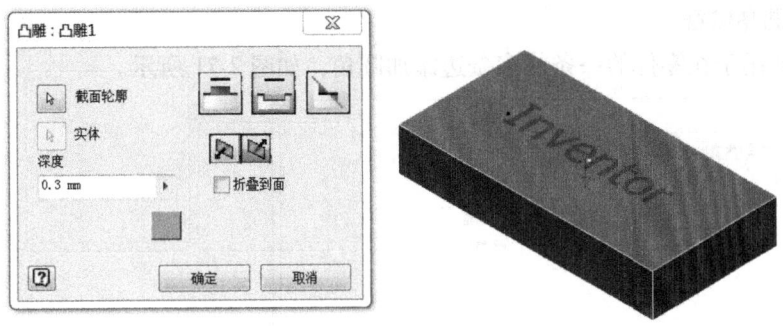

图 2-68

8. 创建贴图特征

贴图特征可将图片添加到实体表面，如图 2-69 所示。

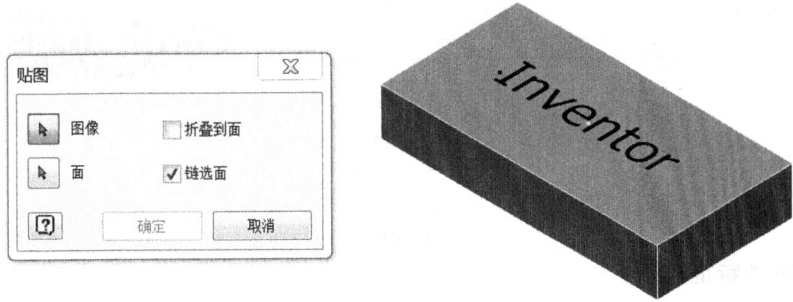

图 2-69

2.3.3 放置特征

放置特征包括孔、圆角、倒角、抽壳、拔模斜度、螺纹、分割、矩形阵列、环形阵列和镜像。

1. 创建孔特征

孔特征用于在零件上创建直孔、沉头孔、沉头平面孔或倒角孔，如图 2-70 所示。

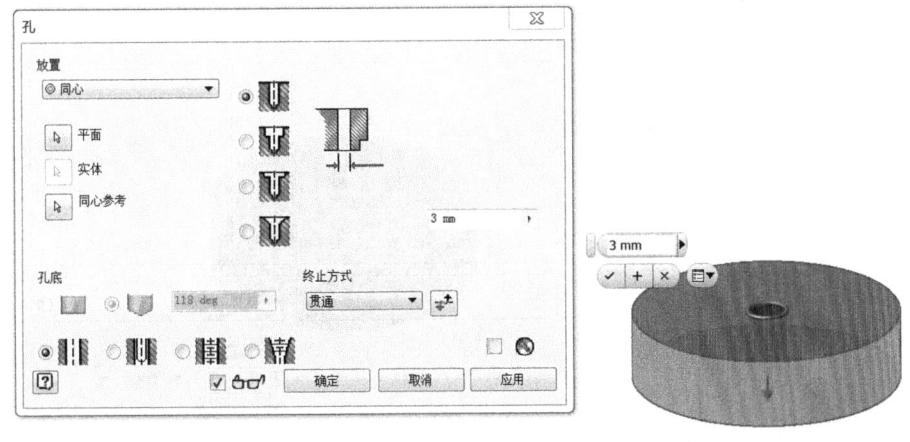

图 2-70

2. 创建圆角特征

圆角特征用于在零件的一条或多条边添加圆角，如图 2-71 所示。

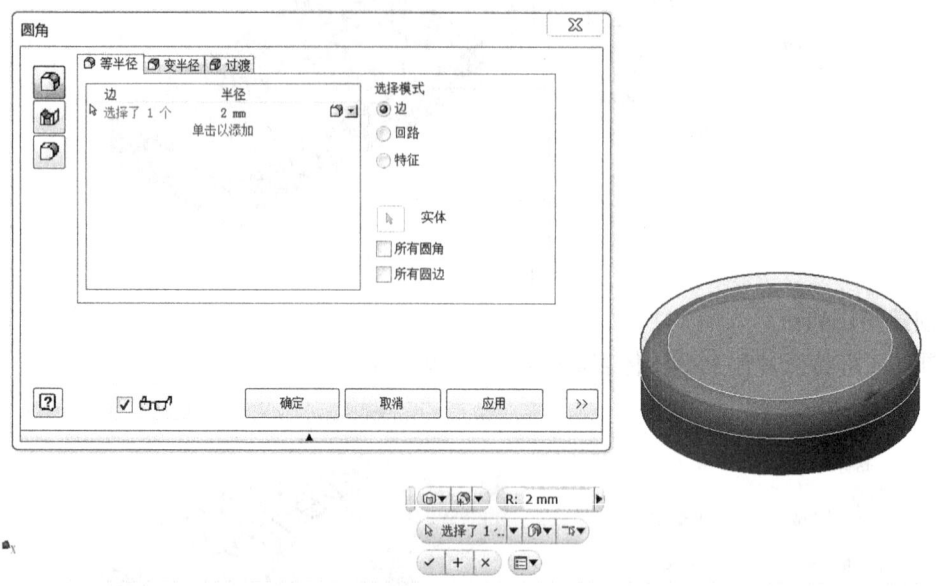

图 2-71

3. 创建倒角特征

倒角特征用于为零件的一条或多条边添加倒角，如图 2-72 所示。

4. 创建抽壳特征

抽壳特征用于从零件内部去除材料，创建一个具有指定厚度的空腔。可以去除选定的面以形成开放的抽壳，如图 2-73 所示。

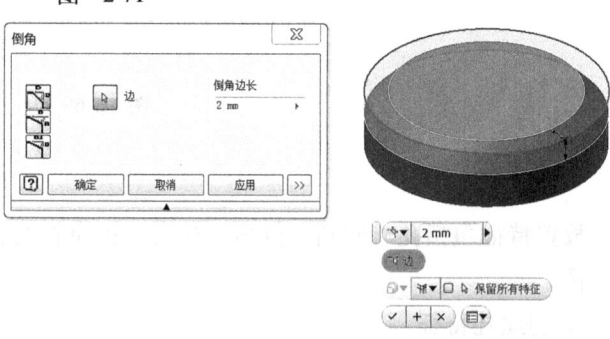

图 2-72

图 2-73

5. 创建拔模斜度

拔摸斜度用于向指定的零件面添加角度，如图 2-74 所示。

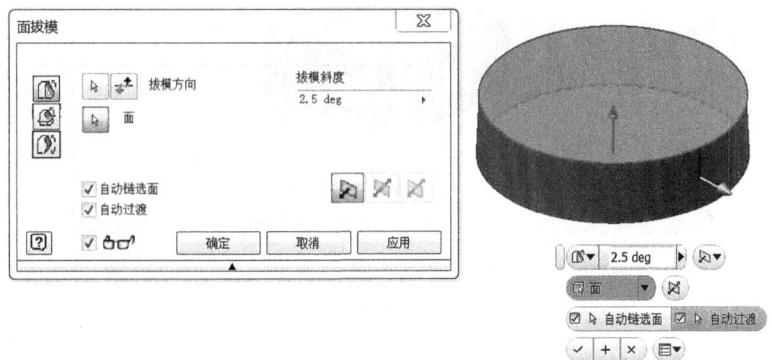

图 2-74

6. 创建螺纹特征

螺纹特征用于在孔、轴、螺柱或螺栓上创建螺纹，如图 2-75 所示。

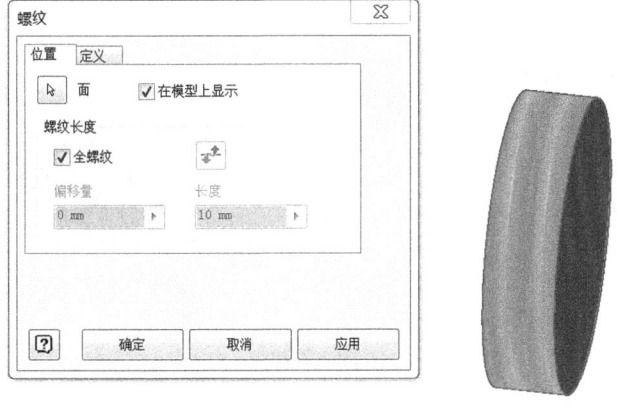

图 2-75

7. 创建分割特征

分割特征是指利用分割工具（线、面、曲面）分割零件和曲面，如图 2-76 所示。

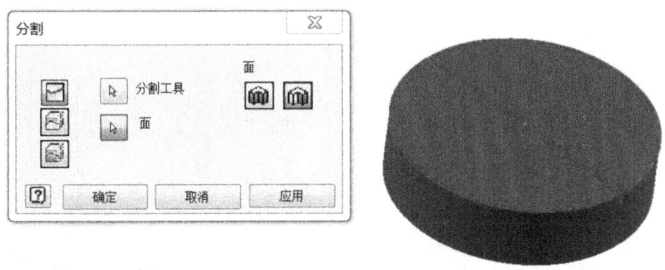

图 2-76

8. 创建矩形阵列

矩形阵列用于复制一个或多个特征零件或实体，并在矩形阵列中沿线性路径、以特定的数量和间距来排列生成的引用，如图 2-77 所示。

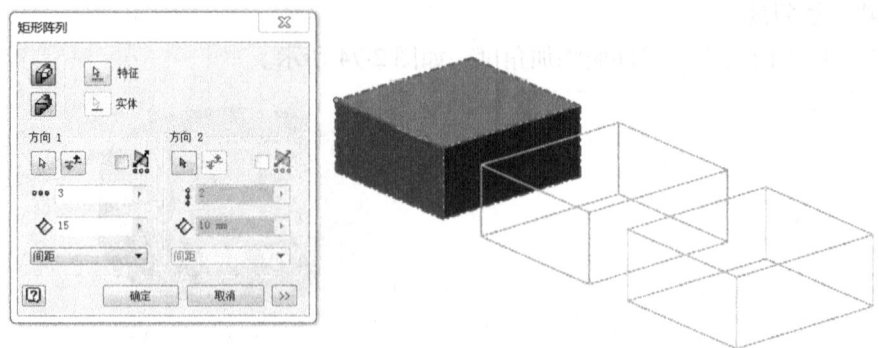

图 2-77

9. 创建环形阵列

环形阵列用于复制一个或多个特征或实体，然后在圆弧或圆阵列中以特定的数量和间距排列生成的引用，如图 2-78 所示。

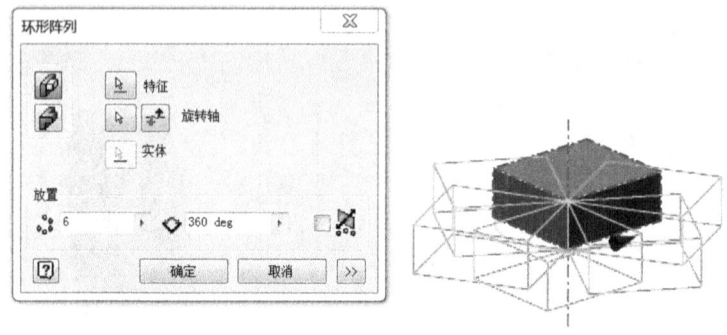

图 2-78

10. 创建镜像特征

镜像特征用于以跨平面的等距离为一个或多个特征或整个实体创建镜像副本，如图 2-79 所示。

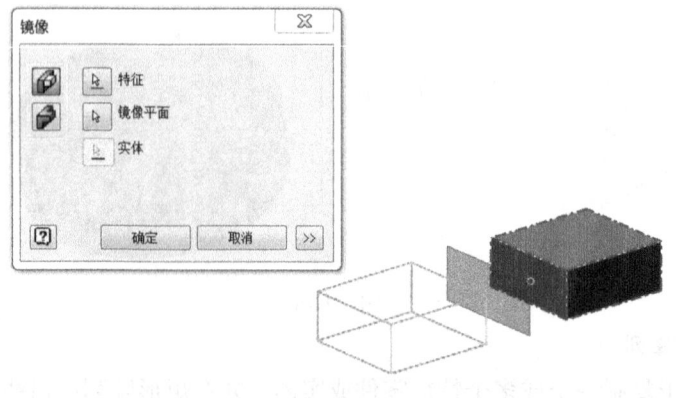

图 2-79

2.3.4 定位特征

1. 创建工作平面

工作平面是沿一个平面的所有方向无限延伸的平面，与默认的基准平面 YZ、XZ 和 XY 平面类似。但是，也可以根据需要创建工作平面，并使用现有特征、平面、轴或点来定位工作平面，其常用创建方法如图 2-80 和图 2-81 所示。

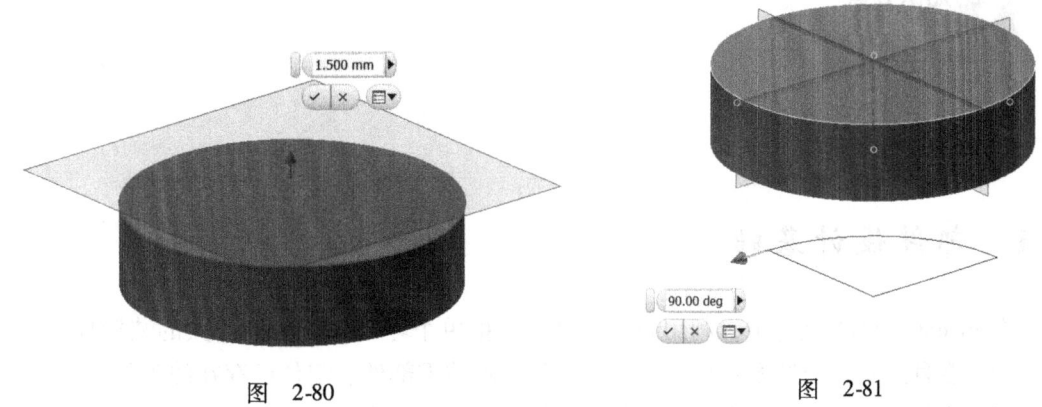

图　2-80　　　　　　　　　　　　　　　图　2-81

2. 创建工作轴

工作轴也是一个重要的参考。在零件中，工作轴常用于生成工作平面的定位参考或者作为圆周阵列的中心，如图 2-82 所示。

3. 创建工作点

工作点的定位特征是抽象地构造几何图元，常用来标记轴和阵列中心、定义坐标系或工作平面、定义三维路径、固定位置和形状等，如图 2-83 所示。

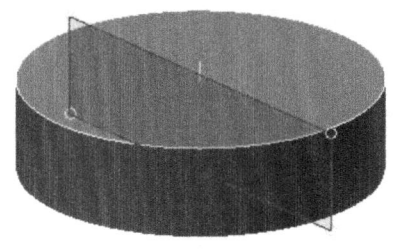

图　2-82　　　　　　　　　　　　　　　图　2-83

第 3 章 部件装配设计

1. 部件设计基础。
2. 约束零部件的方法。
3. 编辑零部件的方法。

3.1 部件设计基础

在 Inventor 2014 软件中,利用装配工具可以把单个零部件添加到公共的装配环境中,然后使用多种工具进行装配;可以在装配中创建新的零部件、定位已存在的零部件及管理好零部件之间的关系。下面介绍部件环境中的几项基本操作。

1. 进入部件环境

启动软件,单击"新建"按钮,并选择"新建文件"对话框中的部件模板(Standard.iam),创建部件文件并进入到部件环境,如图 3-1 所示。

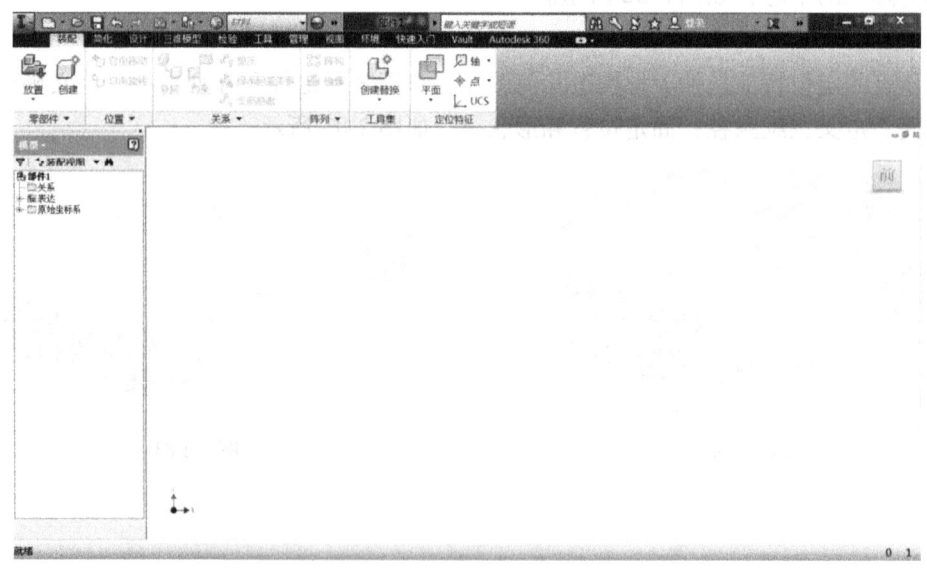

图 3-1

2. 装入零部件

单击工具面板上"装配"选项卡中的"放置"按钮,弹出"装入零部件"对话框,如图 3-2 所示。查找并选择需要装入的零部件并单击"打开"按钮,所选取的零部件将随光标进入部件环境,将其放置到大致位置后单击"确定"按钮(对于第一个进入部件环境的零部件，Inventor 2014 会将其放置在默认的位置，无须通过此步自行确定位置），然后单击鼠标右键，选择快捷菜单中的"完毕"按钮，完成零部件的装入操作。

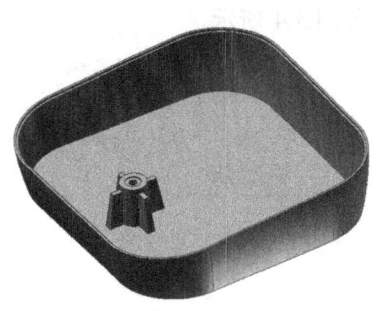

图 3-2

装入零部件的另一种常用方法是将需要装入的一个或多个零部件的图标由 Windows 资源管理器直接拖入部件环境下的图形区内。

Inventor 2014 默认将第一个进入部件环境的零部件的原始坐标系与部件环境中的原始坐标系重合。如需改变，可首先在图形区或浏览器中单击鼠标左键选中该零部件，然后单击鼠标右键，将弹出菜单中"固定"前的勾选符号去掉，以解除锁定。同样，可以用这种方法根据需要对其他零部件进行勾选固定，使零部件的当前位置保持不动。

3. 移动和旋转零部件

不恰当零部件的位置和视角可能会对零部件设计工作带来不便，此时需要对部件中某一个或者几个零件的位置和视角进行调整。

（1）移动零部件　首先，在图形区或浏览器中选中待移动的零部件（可选择单一零部件，也可按［Ctrl］或［Shift］键选择多个零部件），单击工具面板上"位置"选项卡中的"自由移动"按钮，然后将鼠标移至图形区，按住鼠标左键拖曳，便可改变选中零部件的位置，如图 3-3 所示。

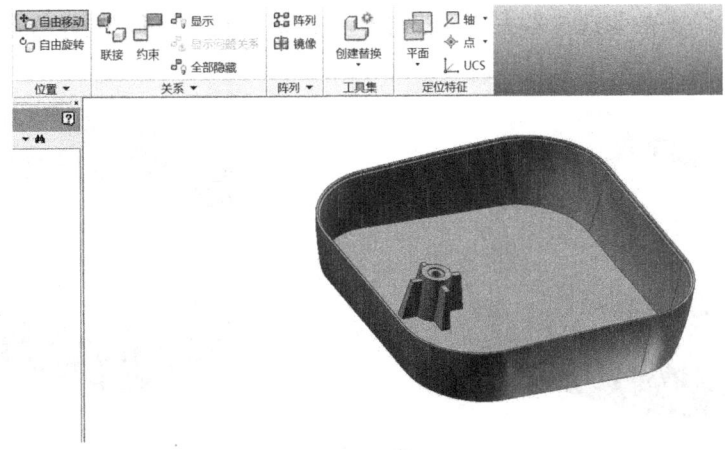

图 3-3

（2）旋转零部件　此操作与移动零部件相似。首先，在图形区或浏览器中选中待移动的零部件（只可选择单一零部件），单击工具面板上"位置"选项卡中的"自由旋转"按钮，此时选中的零部件周围将出现旋转符号，按住鼠标左键拖曳，即可改变该零部件的视角，如图3-4所示。

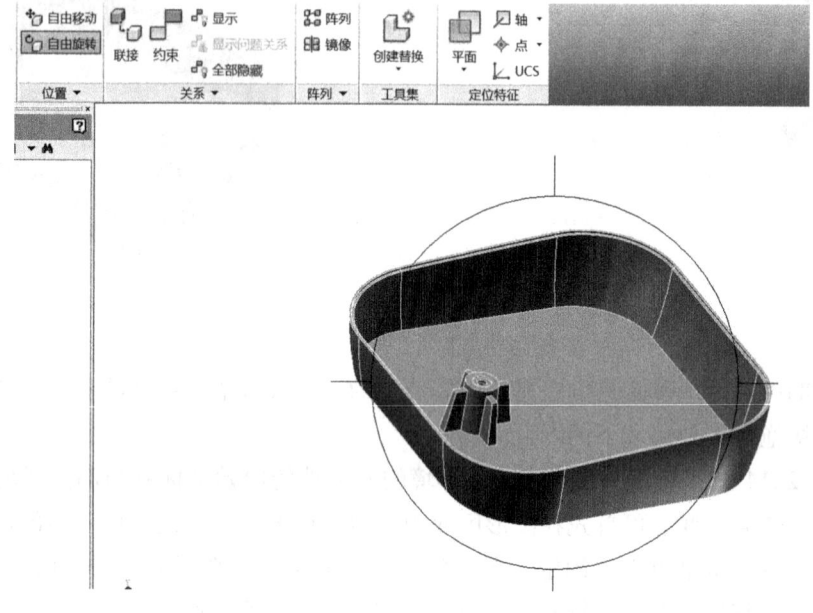

图　3-4

4. 控制零部件的可见性

除不佳的视角和位置外，部件中零件间的相互遮挡也会为部件设计带来麻烦，此时需要对零部件的可见性进行控制。一般通过"可见"和"隔离"功能控制零部件的可见性。

（1）可见　该命令通常用来关闭或打开一个或多个选中零部件的可见性，从而避免选中的零部件对部件中其他零部件的遮挡。例如，如果需要关闭图3-5所示电话机底座上盖板的可见性而观察其下壳内部，可以在图形区或浏览器中将它们选中并单击鼠标右键，将菜单中"可见性"前的勾选符号去掉。若需要恢复其可见性，可用同样的方法将两者重新选中（通过浏览器）并打开可见性。

图　3-5

（2）隔离　该命令通常用来关闭部件中选中的零部件之外的其他零部件的可见性，从而对选中的零部件进行单独观察。仍以电话机底座为例，如需单独观察下壳，可在图形区或浏览器中将其选中并单击鼠标右键，选择菜单中的"隔离"，即可关闭除下壳外其余零件的可见性。若需恢复其余零件的可见性，可在图形区或浏览器中选中下壳并单击鼠标右键，选择菜单中的"撤销隔离"即可。

3.2　约束零部件

约束零部件就是定义部件中零部件结合在一起的方式，即确定部件中各零部件的位置及其相互关系。

3.2.1　位置约束

1. 配合约束

配合约束常用于将不同零部件的两个平面以"面对面"或"肩并肩"的方式放置，以及使具有回转体特征的两个零部件的轴线重合，也可用于添加点、线、面之间的重合约束。配合约束对话框如图3-6所示。

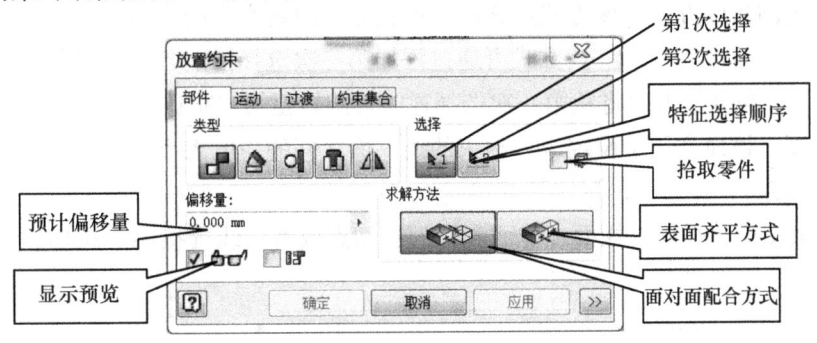

图　3-6

（1）面对面配合方式　该命令常用于使不同零部件的两个平面以"面对面"的形式放置（两平面的法线方向相反），或用于使具有回转体特征的两个零部件的轴线重合。

（2）表面齐平方式　该命令常用于使不同零部件的两个平面以"肩并肩"的形式放置（两平面的法线方向相同）。

（3）第一次选择　单击激活"第一次选择"按钮，便可选择需要应用约束的第一个零部件上的点、线、面。

（4）第二次选择　其用法与"第一次选择"按钮相似，单击激活"第二次选择"按钮，便可选择需要应用约束的另一个零部件上的点、线、面。

（5）拾取零件　勾选此项，对用于添加装配约束的几何特征的选取将分两步进行，第一步指定所要选择的几何特征所在的零部件，第二步选择具体的几何特征。此功能常用于零部件位置接近或相互遮挡、不易直接选取几何特征的情况。

（6）显示预览　勾选此项，便可在约束应用前观察约束应用的结果。

（7）预计偏移量　"偏移量"输入栏中显示应用约束前待添加约束的两几何特征间的距离。

2. 角度约束

角度约束是指为部件添加平面或直线之间的角度位置关系，删除平面之间的一个旋转自由度或两个角度旋转自由度。角度约束对话框如图3-7所示。

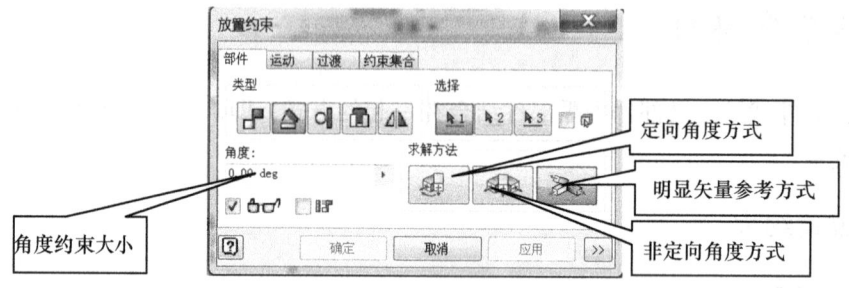

图　3-7

（1）定向角度方式　该方式定义的角度具有方向性。

（2）非定向角度方式　该方式定义的角度仅起到限定大小的作用。

（3）明显矢量参考方式　该方式可通过添加第三次选择指定Z轴矢量的方向，从Z轴顶端向下望去，角度的方向将从第一次选择逆时针旋转至第二次选择。

（4）角度　该命令用于设定应用约束的线、面之间的角度大小。

3. 相切约束

相切约束使面、平面、柱面、球面和锥面在切点或者切线处接触。相切约束对话框如图3-8所示。

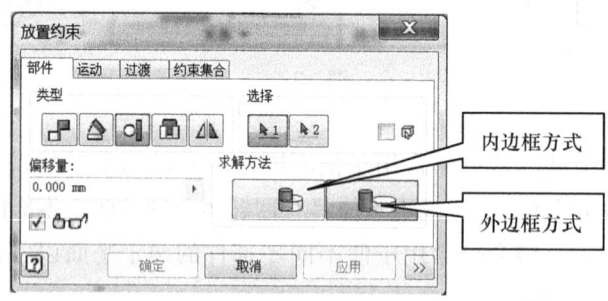

图　3-8

（1）内边框方式　该方式使被选择的对象按内切方式放置。

（2）外边框方式　该方式使被选择的对象按外切方式放置。

4. 插入约束

插入约束是两个零部件的轴之间的配合约束与平面之间面与面配合约束的组合。例如，用插入约束在孔中放置一个螺栓，螺栓的轴线将与孔的轴线重合，并且螺栓头的底部将与孔的上表面配合。这样，完全自由的螺栓通过一个插入约束，将仅能绕自身的轴线旋转，而且其他的自由度均被限定。插入约束对话框如图 3-9 所示。

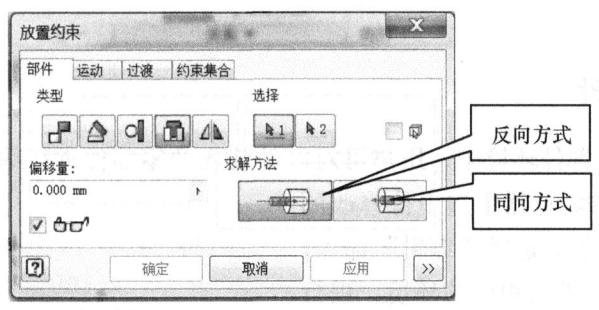

图　3-9

（1）反向方式　该方式两次选择对象的轴线方向相反，即应用轴线重合约束与面对面配合约束的组合。

（2）同向方式　该方式两次选择对象的轴线方向相同，即应用轴线重合约束与肩并肩配合约束的组合。

3.2.2　约束的查看和编辑

1. 查看约束

创建好约束后，可以在浏览器中用不同的方法进行查看。如果在浏览器中选择一个约束，模型中便会加亮显示与其相关的约束，如图 3-10 所示。

2. 编辑约束

1）可以用与装入零部件相同的方法来编辑约束。在浏览器中选择约束，在约束上单击鼠标右键，然后在弹出的快捷菜单中选择"编辑"命令，如图 3-11 所示。

2）编辑约束时，所有编辑操作可以在与创建约束相同的对话框中进行，所有选项都可以改变，包括约束类型，如图 3-12 所示。

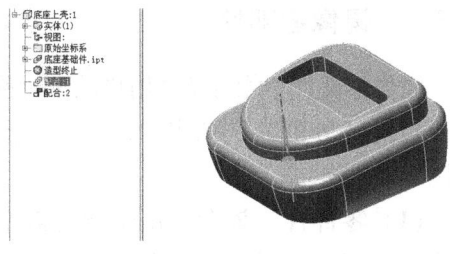

图　3-10

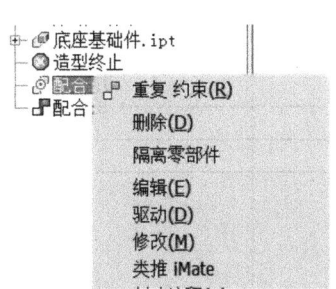

图　3-11

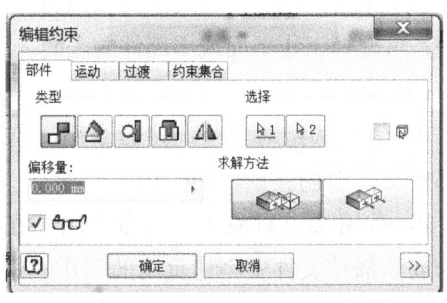

图　3-12

3.3 编辑零部件

3.3.1 修改零部件

在 Inventor 2014 部件环境中，用户可对已经装入的零部件进行编辑修改。需要修改时，首先在图形区或浏览器中选中待修改的零部件并单击鼠标右键，选择"编辑"命令，如图 3-13 所示，即可进入相应的环境，进行修改零部件。

零部件修改完成后，可在图形区中单击鼠标右键，选择"完成编辑"，返回至原部件环境中。也可以在工具面板中单击"返回"图标按钮结束修改，返回至原部件，如图 3-14 所示。

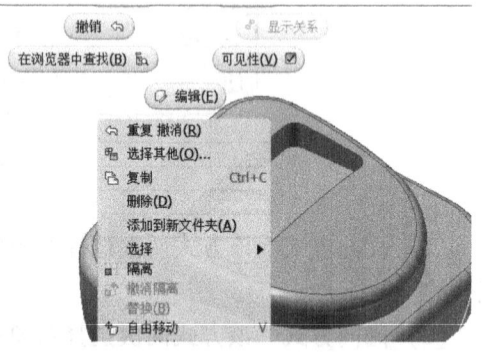

图 3-13

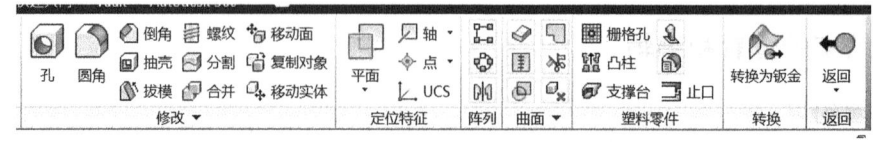

图 3-14

3.3.2 镜像零部件

镜像零部件功能可帮助用户减少对称零部件的设计工作量。镜像零部件按钮位于工具面板的"阵列"选项卡中，其对话框如图 3-15 所示。

（1）零部件　该命令用于指定需要镜像的零部件，可选择一个或多个零部件。

（2）镜像平面　该命令用于指定镜像平面，可选择工作平面或零部件的表面。

（3）状态

1）镜像选定对象。该命令用于在新部件文件中创建镜像的引用。

2）重用选定对象。该命令用于在当前或新部件文件中创建重用的引用。

3）排除选定对象。该命令用于从镜像操作中排除零部件。

图 3-15

3.3.3 阵列零部件

阵列零部件功能可帮助用户快速完成数量较多，且空间分布呈一定规律的零部件的设计。阵列零部件按钮 位于工具面板的"装配"选项卡中，其对话框如图3-16所示。

阵列零部件有以下三种形式。

（1）关联阵列 关联阵列以零部件上已有的阵列特征为依据进行零部件的复制。

（2）矩形阵列 矩形阵列按照矩形规律进行零部件的复制。

（3）环形阵列 环形阵列按照环形规律进行零部件的复制。

3.3.4 替换零部件

在部件环境中可使用"创建替换"工具将已经装入部件环境的零部件用其他零部件替换。"创建替换"按钮 位于工具面板"工具集"选项卡下，其对话框如图3-17所示。

图 3-16

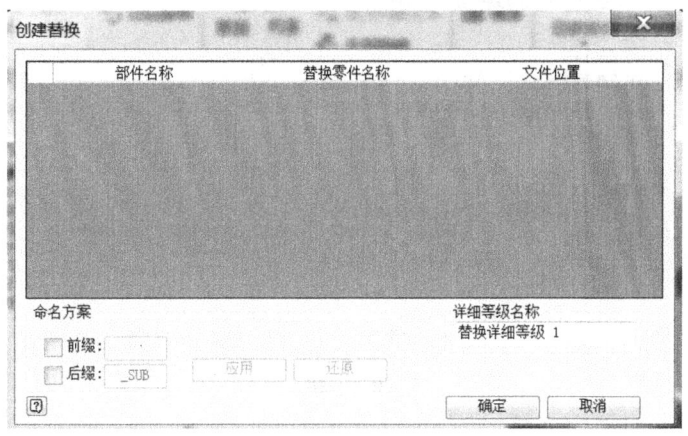

图 3-17

单击创建替换按钮 ，然后选择需替换的零部件，选中后Inventor 2014将自动弹出"创建替换"对话框，浏览选择替换的零部件，然后单击"装入零部件"对话框中的"确定"按钮即可完成零部件的替换。

3.4 创建自适应零部件

3.4.1 创建自适应零部件的方法

在关联装配中创建零部件时，可以从其他组件投射几何图元到当前草图上，基于当前应用设置选项上，几何模型要么被相关引用，要么处于静止状态。当投射的几何图元是相关的几何图元时，草图会自动设置为自适应，原始模型的一些改变会反映在引用的几何图元上。

如图 3-18 所示，在"工具"选项卡中选择"应用程序选项"命令后，在其对话框中选择"部件"选项卡，按图 3-18 所示勾选相应的选项，然后单击"应用"按钮。

图 3-18

关联草图有如下作用。

1）在装配中创建的新零件特征的位置与其他零件的特征相配合。

2）在装配中创建的新零件特征的位置依附于其他零件之上，例如法兰盘上的盖板。

3）可以创建零件间隙配合的特征。

3.4.2 创建自适应零部件的应用

以锤子为例，利用自适应创建相互关联的零部件的方法如下。

【例3-1】 完成如图 3-19 所示锤头手柄的创建。

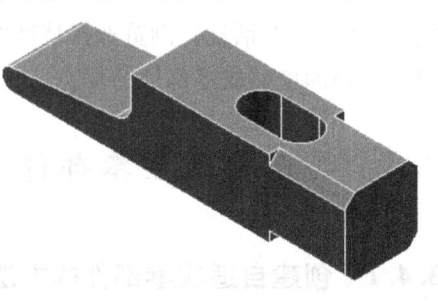

图 3-19

其设计流程如下：

步骤1：新建部件文件，并将零件"锤头"装入其中。

步骤2：单击工具面板上"装配"选项卡中的创建按钮 创建，（见图3-20），将帮助我们在当前部件中创建新的零部件，并建立它和已有零件的关联关系。在弹出的"创建在位零部件"对话框中，输入新建零件的名称为"手柄"，选择模板为标准模板"Standard.ipt"，并指定新建零部件的保存路径，如图3-21所示。

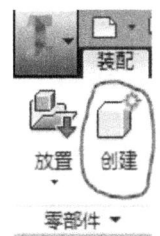

图 3-20

步骤3：指定新建零部件文件第一个草图所在的平面，这里选择零件"锤头"的下表面，如图3-22所示。

图 3-21

步骤4：选择创建二维草图，单击图3-22中所选的平面后，零件将自动透明显示。使用工具面板上"草图"选项卡中的"投影几何图元"工具，将锤头上孔的轮廓投射到当前草图中，如图3-23所示。

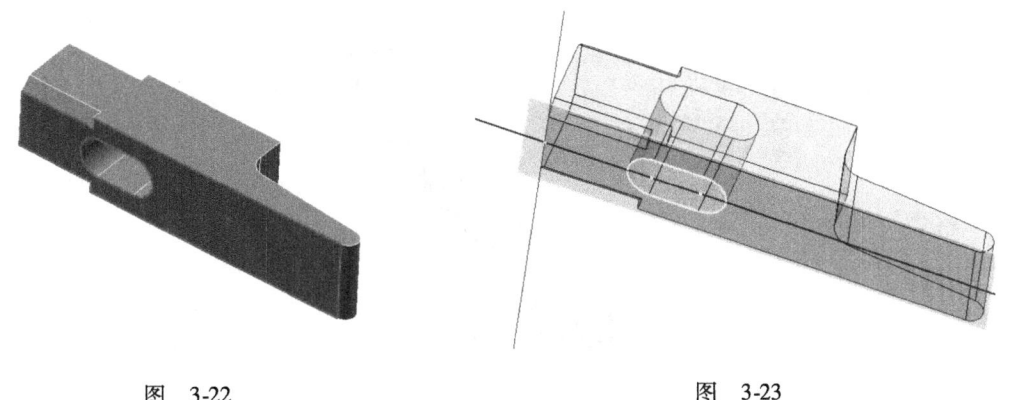

图 3-22　　　　　　　　　　　　　图 3-23

步骤5：单击完成草图的创建，选择"拉伸"命令，在"范围"下拉框中选择"到"，并指定锤头的上表面为拉伸的终止面，如图3-24所示，单击"确定"按钮，完成拉伸操作。

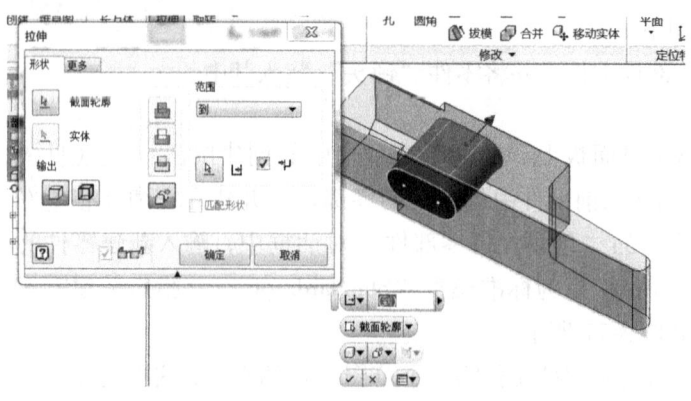

图 3-24

步骤6：继续按照图3-25、图3-26和图3-27所示的样式，完成零件"手柄"的创建。

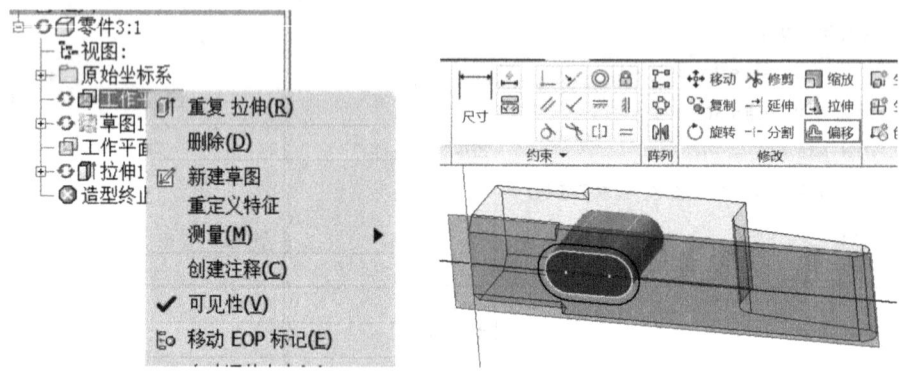

图 3-25

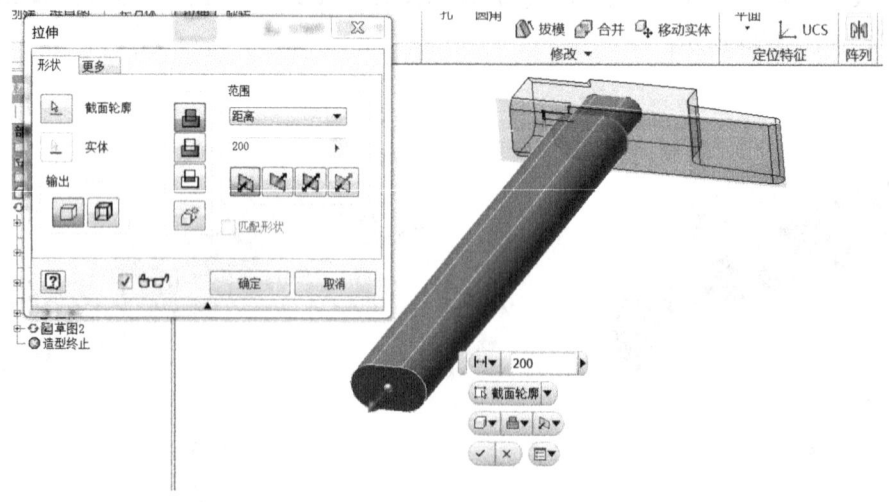

图 3-26

图 3-27

第4章 工 程 图

知识要点

1. 工程图的基本设置。
2. 各种视图的作用和创建方法。
3. 工程视图的基本标注。

4.1 工程图设置

4.1.1 工程图创建环境

在主菜单中选择"新建"命令,在弹出的"新建文件"对话框中选择扩展名为".idw"的模板,单击"创建"按钮,进入工程图的创建环境。工程图的创建环境主要由以下六部分构成,如图4-1所示。

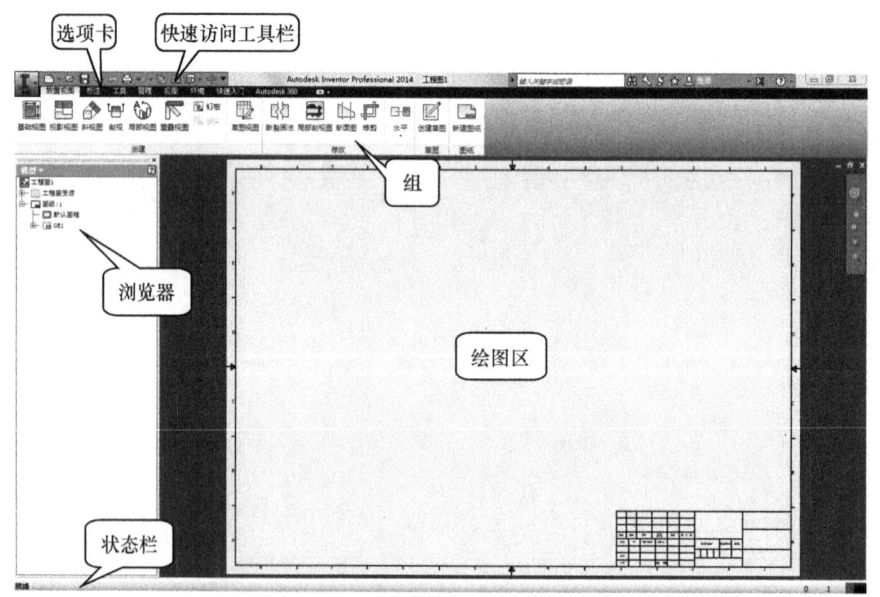

图 4-1

1)快速访问工具栏:主要包括新建、打开、存储、撤销、重做、打印、搜索、帮助等功能按钮。

2)选项卡:包括放置视图、标注、工具、管理、视图、环境和快速入门七个功能按钮,单击每个按钮,Inventor 2014都会切换到相应菜单下的工程图处理工具界面。

3）组：Inventor 2014 将功能分成不同的组，如创建、修改、草图和图纸等，以便用户使用。

4）绘图区：工程图图形的编辑绘制区域。在绘图区单击鼠标右键，会弹出快捷菜单，如图 4-2 所示。快捷菜单提供了工程图的处理功能。

5）浏览器：显示工程图的各种属性，以树形结构显示该工程图的构成。

6）状态栏：显示当前的工作状态，并为下一步操作提供建议。

4.1.2 工程图的样式与标准设置

1. 尺寸样式设置

单击工具面板上"管理"选项卡中的"样式编辑器"按钮，如图 4-3 所示，弹出"样式和标准编辑器"对话框，如图 4-4 所示。

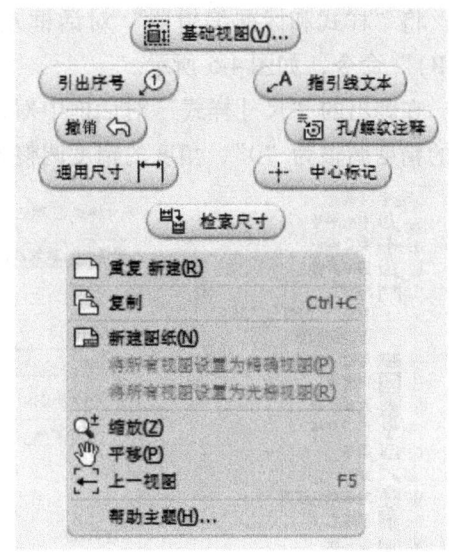

图 4-2

图 4-3

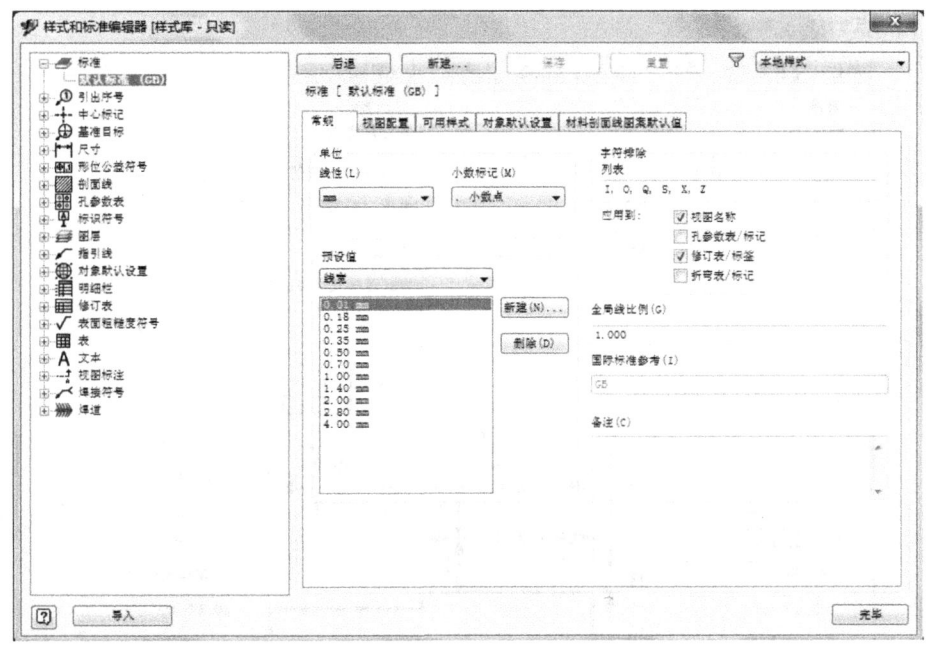

图 4-4

将"样式和标准编辑器"对话框左边浏览器中的"尺寸"项展开,并选择"默认(GB)"命令,如图4-5所示。

在弹出的"尺寸样式"对话框中对尺寸样式进行修改,选择"单位"选项卡,将线性的精度调整为"0",角度的精度调整为"DD",如图4-6所示。

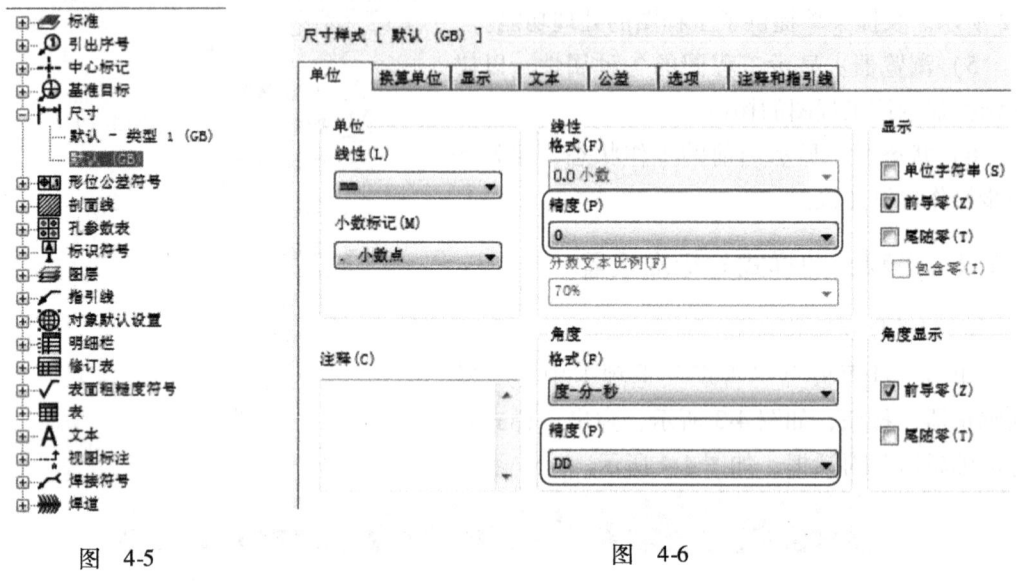

图 4-5　　　　　　　　　　　　图 4-6

选择"显示"选项卡,将"A:延伸"所对应的值改为"2.00mm",调整尺寸界线超出尺寸线的距离,如图4-7所示。

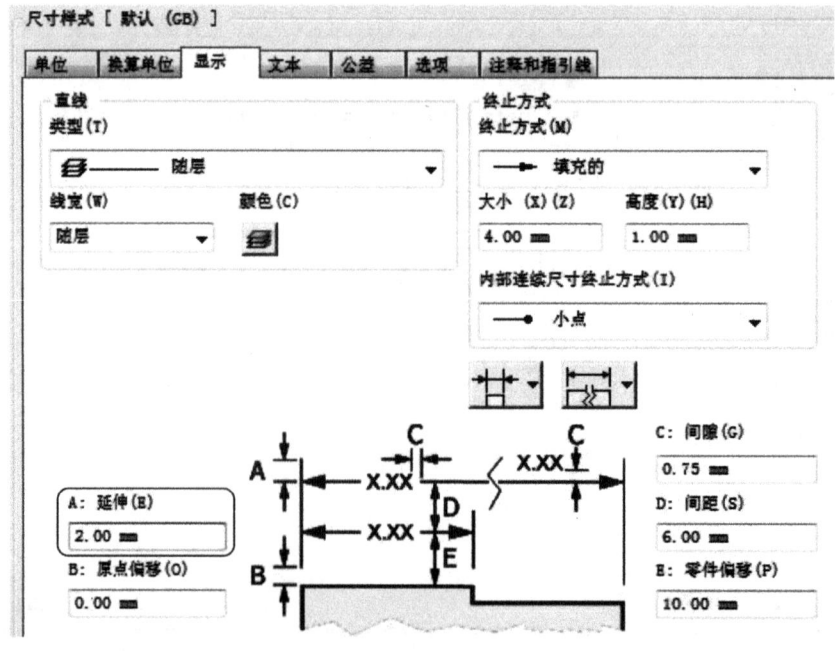

图 4-7

选择"文本"选项卡,将"公差文本样式"调整为"底端对齐",将角度样式选为"平行—文本",更改直径与半径的标注样式,如图4-8所示。

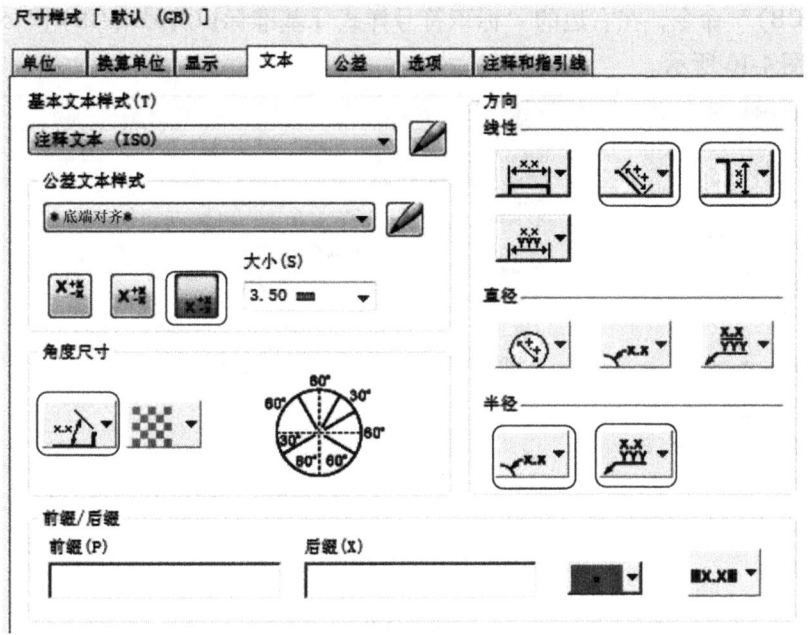

图 4-8

选择"公差"选项卡,将"方式"选为"默认值",线性精度选为小数点后三位:3.123,"显示选项"选为"无尾随零—无符号",如图4-9所示。

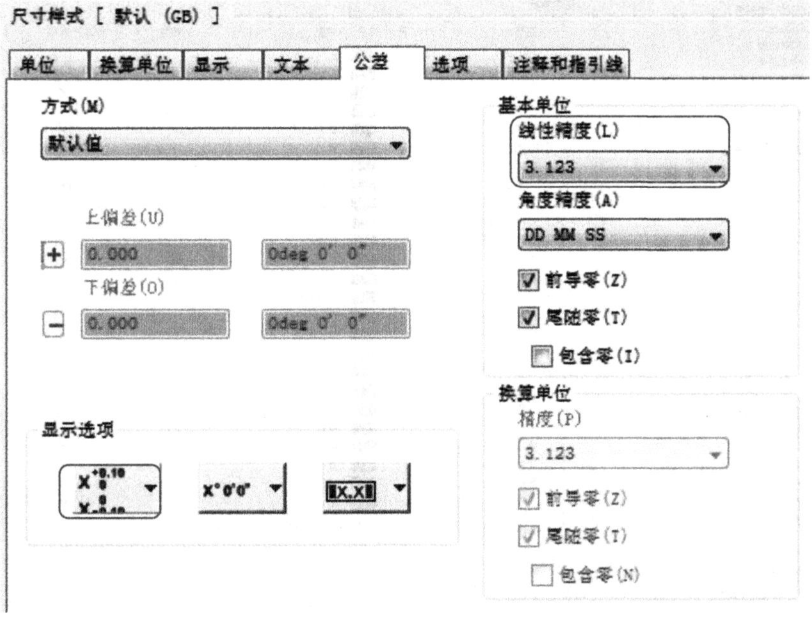

图 4-9

2. 基准标识符号样式设置

将"样式和标准编辑器"对话框左边浏览器中的"标识符号"项展开，选择"基准标识符号（GB）"命令，在右边的"标识符号样式［基准标识符号（GB）］"对话框中修改样式，如图4-10所示。

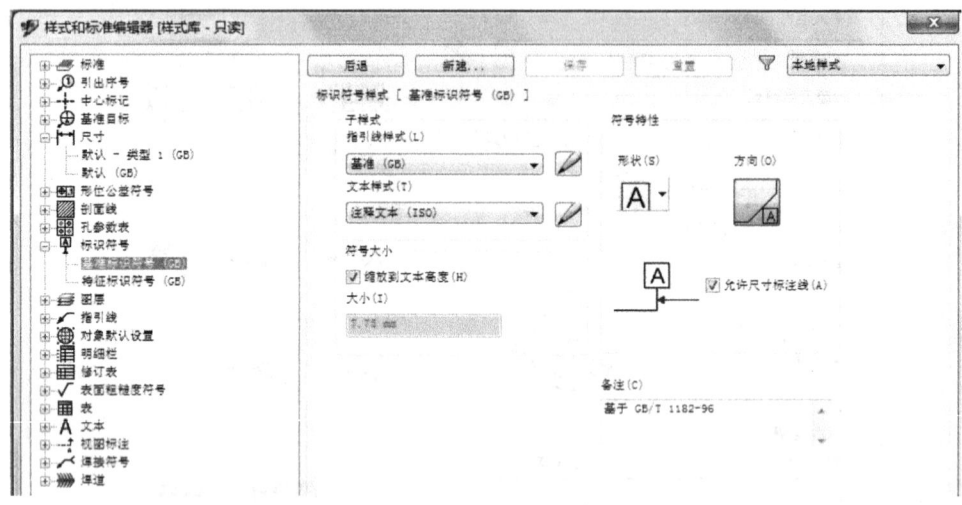

图 4-10

3. 图线设置

将"样式和标准编辑器"对话框左边浏览器中的"图层"项展开，单击任一图层名称将其激活，就可对该图层进行修改，如图4-11所示。

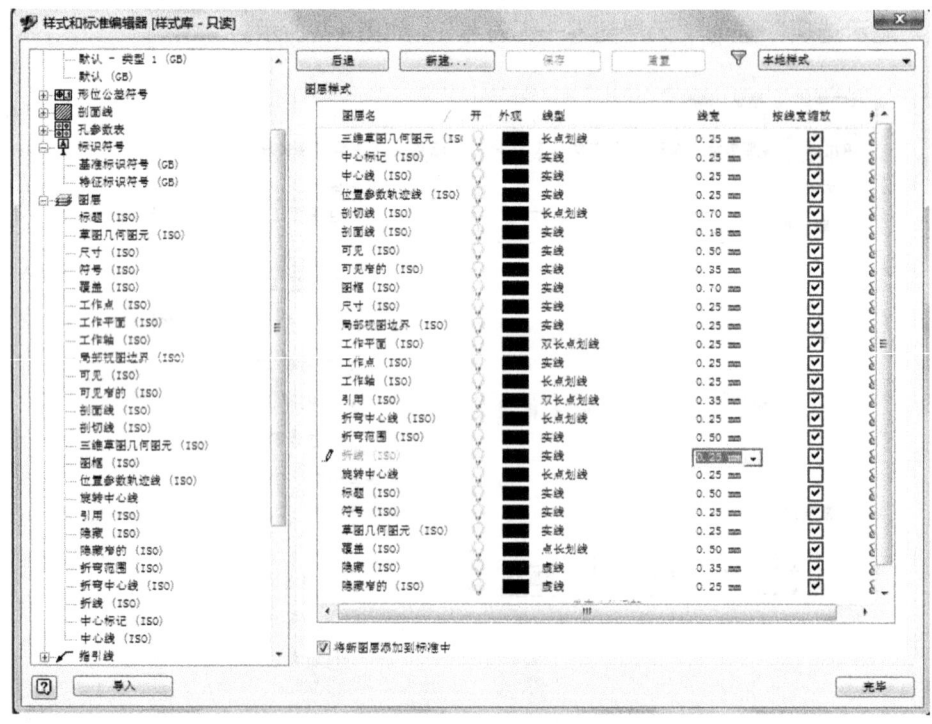

图 4-11

4. 标题栏编辑

选中浏览器中"工程图资源"文件夹中的"标题栏"文件夹，选中需要编辑的样式并单击鼠标右键，在弹出的快捷菜单中选择"编辑"命令，如图 4-12 所示，进入草图环境，对标题栏进行修改，如图 4-13 所示。

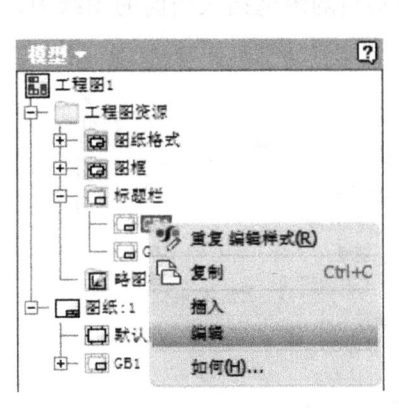
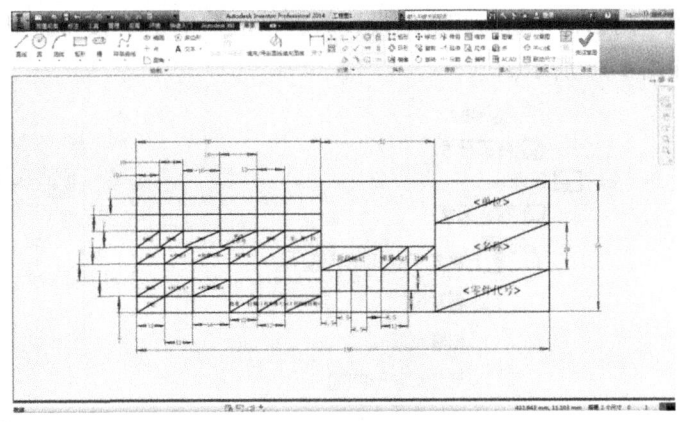

图 4-12　　　　　　　　　　　　　　图 4-13

5. 图纸[一]设置

选中浏览器中"工程图资源"文件夹中的"图纸"文件夹，选中需要编辑的样式并单击鼠标右键，在弹出的快捷菜单中选择"编辑图纸"命令，如图 4-14 所示，弹出"编辑图纸"对话框，可对图纸的名称、大小、方向以及标题栏的位置等进行修改，如图 4-15 所示。

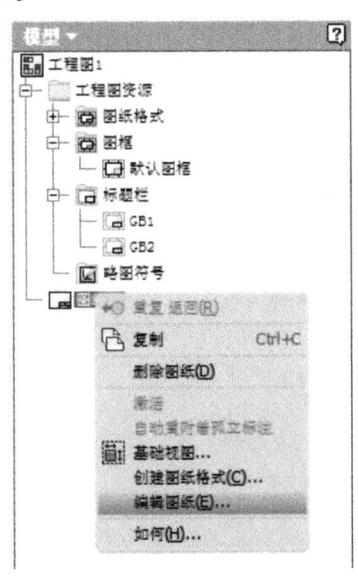
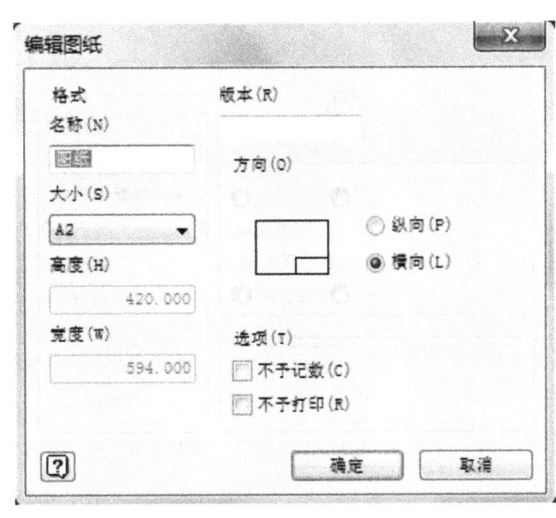

图 4-14　　　　　　　　　　　　　　图 4-15

[一] 国家标准中为图样，为与软件统一，本书中称图纸。

6. 图框插入

在插入新的图框前，先将图纸中原有的图框删除，如图 4-16 所示。选中浏览器中"工程图资源"文件夹中的"图框"文件夹，选中"默认图框"并单击鼠标右键，在弹出的快捷菜单中选择"插入图框"命令，如图 4-17 所示。在弹出的"工程图图框的默认参数"对话框中进行相应的设置后，单击"确定"按钮就可将新的图框插入当前的图纸中，如图 4-18 所示。

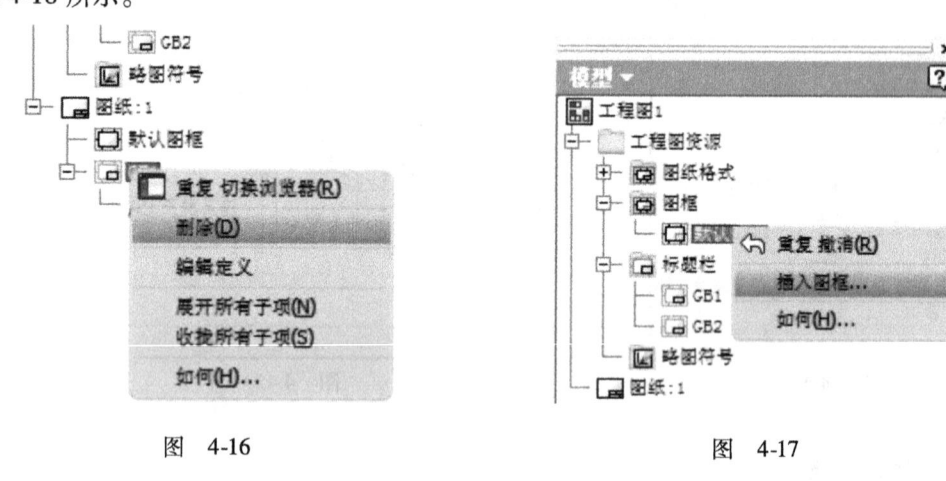

图 4-16　　　　　　　　　　　　　　图 4-17

图 4-18

4.2　工程图视图

Inventor 2014 创建的视图可分为两类：一类是由三维零部件文件或已有的工程图视图

创建的新视图，包括基础视图、投影视图、斜视图、剖视图、局部视图；另一类是在已有的工程图视图上修改得到的视图，包括断裂画法和局部剖视图等。

1. 基础视图

基础视图是在新的工程图中创建的第一个视图，是生成其他视图的基础。下面举例说明基础视图的创建过程。

【例 4-1】 创建 "A-01.ipt" 的基本视图。

操作步骤如下：

步骤 1：新建工程图文件，选择模板为 Standard.idw。

步骤 2：单击工具面板上"放置视图"选项卡中的"基础视图"按钮，如图 4-19 所示。

图　4-19

步骤 3：在"工程视图"对话框中，打开"A-01.ipt"文件，调整视图方向为"前视图"，视图样式为显示隐藏线且不着色，缩放比例为"1∶1"，如图 4-20 所示，再单击"确定"按钮就可将基础视图放入当前图纸中，完成基础视图的创建，如图 4-21 所示。

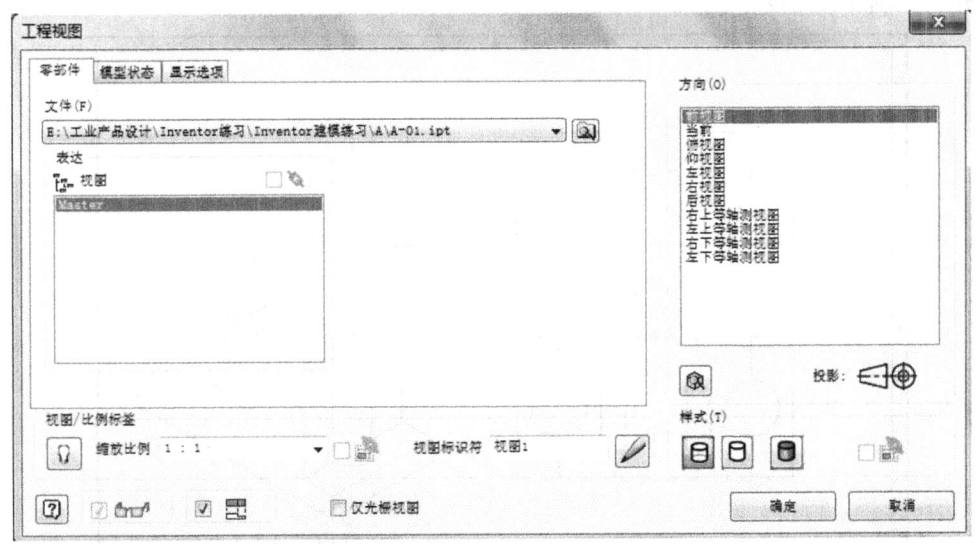

图　4-20

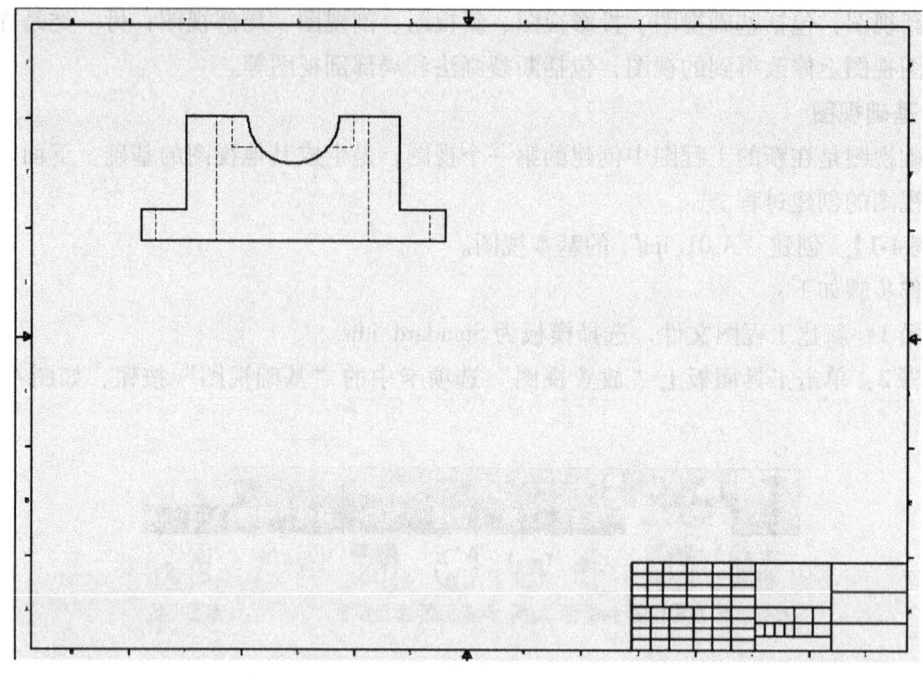

图 4-21

2. 投影视图

利用投影视图工具可以从基础视图或任意其他现有视图中生成正交视图或正等轴测图。单击工具面板上"放置视图"选项卡中的"投影视图"按钮,用鼠标选中基础视图作为投影对象,然后向不同的方向拖曳并在适当的位置单击鼠标左键以确定创建的投影视图,在放置完所有投影视图后单击鼠标右键,选择菜单中的"创建"命令,完成投影视图的创建,如图 4-22 所示。

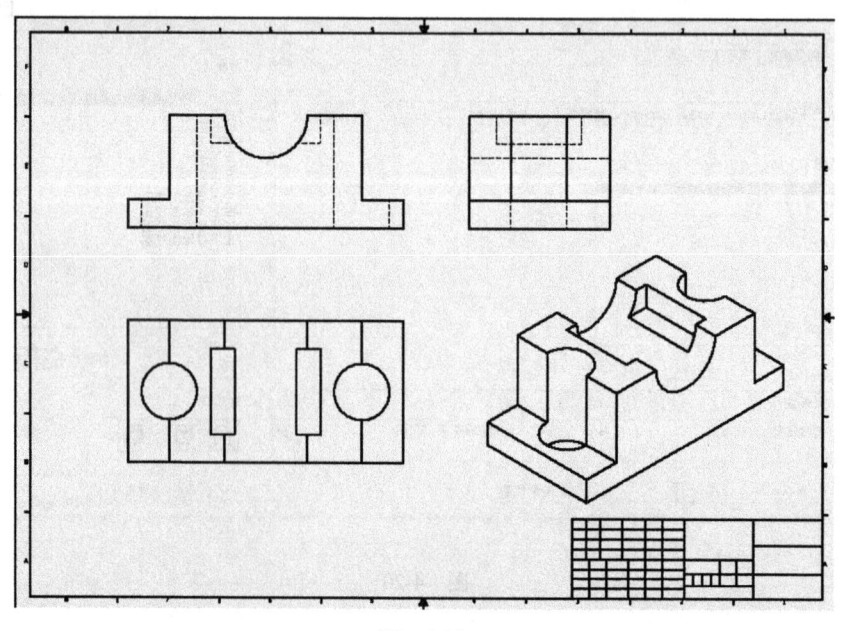

图 4-22

3. 斜视图

斜视图是物体向不平行于基本投影面的平面投射所得的视图。斜视图主要用来表达物体上倾斜部分的实形，所以其余部分不必全部画出，而是用波浪线或双折线断开。下面举例说明斜视图的创建过程。

【例 4-2】 创建"A-02.idw"的局部视图。

操作步骤如下：

步骤1：打开工程图文件"A-02.idw"。

步骤2：单击工具面板上"放置视图"选项卡中的"斜视图"按钮，用鼠标选中用于创建斜视图的父视图，在弹出的"斜视图"对话框中完成相应的设置，如图4-23所示。

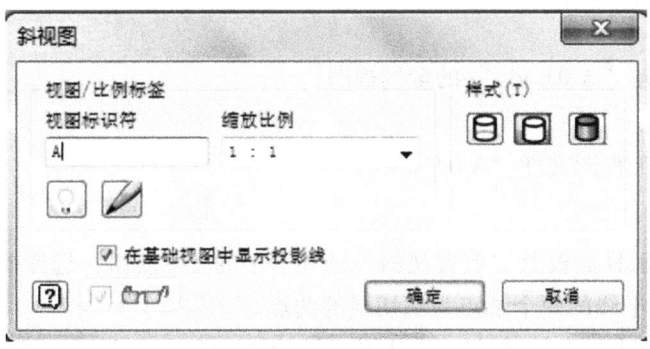

图 4-23

步骤3：选择父视图上的几何图元作为斜视图的投射方向，移动鼠标将斜视图放置在适当的位置，单击"确定"按钮完成斜视图的创建，如图4-24所示。

步骤4：对创建的斜视图进行修剪。可先创建一个与当前视图相关联的草图，如图4-25所示。

步骤5：选择"修剪"命令，选择刚创建的草图，即可删除视图中草图以外的部分，完成草图的修剪，如图4-26所示。

4. 剖视图

剖视图是假想用剖切面剖开物体，将处在观察者和剖切面之间的部分移去，而将其余部分向投影面投射所得的图形。剖视图常用于表达零部件的内部结构形状。下面举例说明剖视图的创建过程。

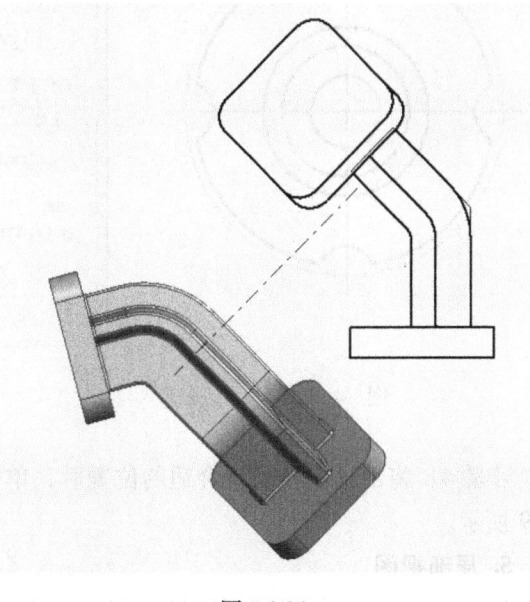

图 4-24

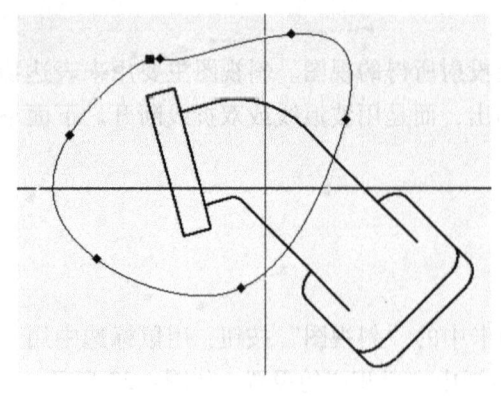
图 4-25

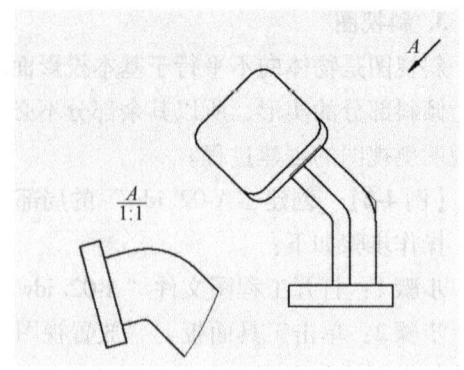
图 4-26

【例 4-3】 创建"A-03.idw"的全剖视图。

操作步骤如下:

步骤 1:打开工程图文件"A-03.idw"。

步骤 2:单击工具面板上"放置视图"选项卡中的 剖视按钮,选择视图,如图 4-27 所示,选择视图中水平线的两个端点为剖切线的两点。

步骤 3:单击鼠标右键,在菜单中选择"继续"命令,弹出"剖视图"对话框,完成相应的设置,如图 4-28 所示。

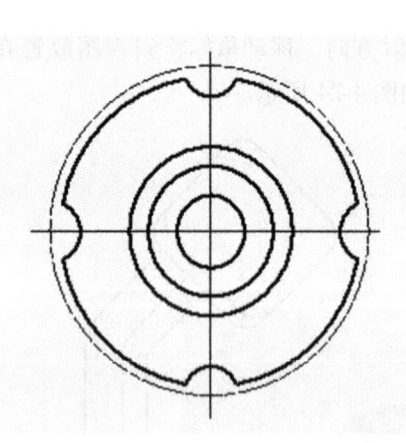
图 4-27

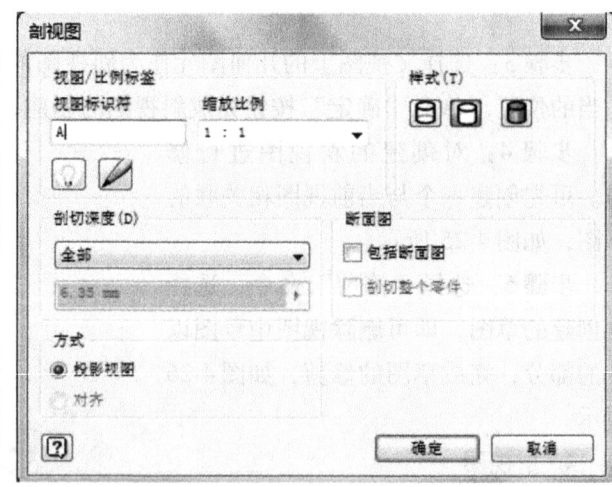
图 4-28

步骤 4:将剖视图移动至合适的位置后,单击鼠标左键,完成全剖视图的创建,如图 4-29 所示。

5. 局部视图

Inventor 2014 中的局部视图即为局部放大图,用大于原图所采用的比例画出细小结构，并将图形放置在图纸的适当位置。下面举例说明局部视图的创建过程。

【例 4-4】 创建"A-04.idw"的局部视图。

操作步骤如下：

步骤1：打开工程图文件"A-04.idw"。

步骤2：单击工具面板上"放置视图"选项卡中的"局部视图"按钮，选中需创建局部视图的视图。

步骤3：在弹出的"局部视图"对话框中进行相应的设置，将视图标识符改为"I"，镂空形状改为平滑过渡，如图4-30所示。

步骤4：在视图上确定轮廓线中心点和放大区域的半径，将局部视图移动至图纸适当位置，完成局部视图的创建，如图4-31所示。

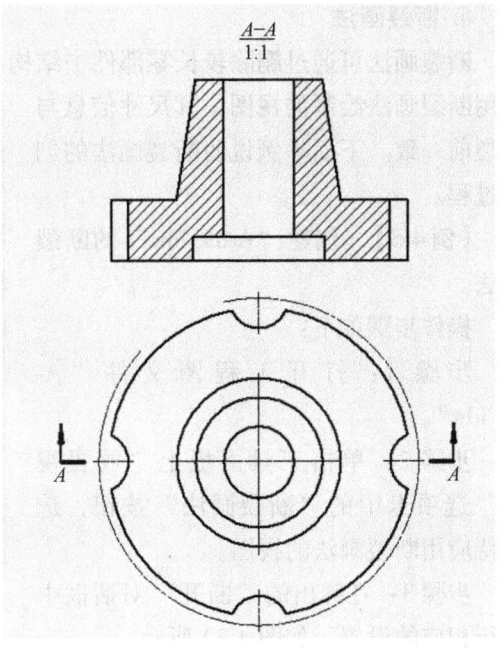

图 4-29

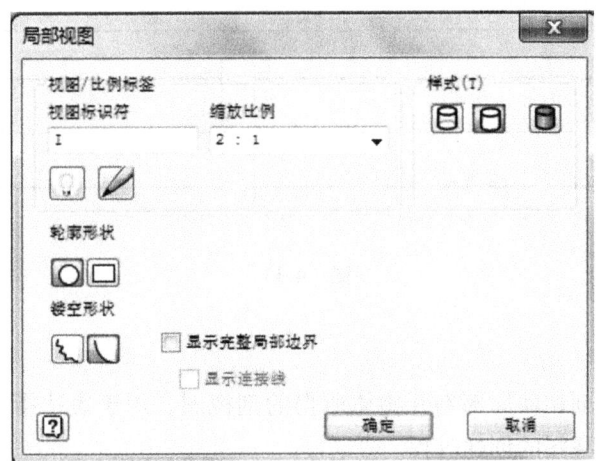

图 4-30

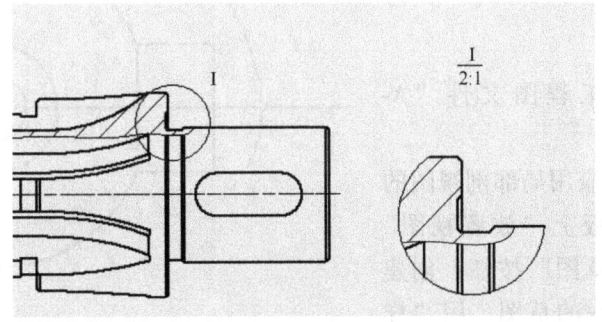

图 4-31

6. 断裂画法

断裂画法可通过删除较长零部件中结构相同部分的某一段,使其在图纸上能够放置。采用断裂画法绘制的视图,其尺寸信息与断裂前一致。下面举例说明断裂画法的创建过程。

【例 4-5】 创建"A-05.idw"的断裂画法。

操作步骤如下:

步骤 1:打开工程图文件"A-05.idw"。

步骤 2:单击工具面板上"放置视图"选项卡中的"断裂画法"按钮,选中待应用断裂画法的视图。

步骤 3:在弹出的"断开"对话框中进行相应的设置,如图 4-32 所示。

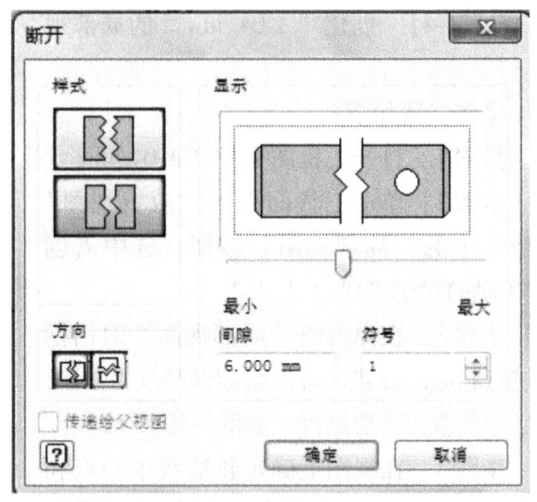

图 4-32

步骤 4:在视图上确定断裂的起点和终点,完成断裂画法的创建,如图 4-33 所示。

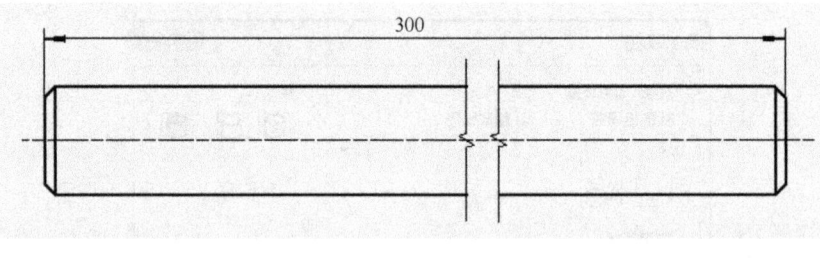

图 4-33

7. 局部剖视图

局部剖视图是用剖切面局部剖开物体所得的剖视图,用于表达指定区域的内部结构。下面举例说明局部剖视图的创建过程。

【例 4-6】 创建"A-06.idw"的局部剖视图。

操作步骤如下:

步骤 1:打开工程图文件"A-06.idw"。

步骤 2:选中待应用局部剖视图的视图,单击工具面板上"放置视图"选项卡中的"创建草图"按钮,创建与被选中视图相关联的草图,用"样条曲线"工具绘制如图 4-34 所示的轮

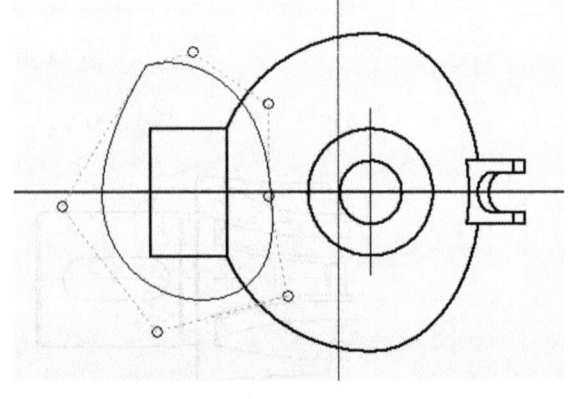

图 4-34

廓作为局部剖视图的剖切范围，绘制完成后单击"完成草图"按钮。

步骤3：单击工具面板上"放置视图"选项卡中的"局部剖视图"按钮，选中该视图，弹出"局部剖视图"对话框，如图4-35所示。

步骤4：选择创建的剖切范围作为截面轮廓，指定剖切的深度，单击"确定"按钮完成局部剖视图的创建，如图4-36所示。

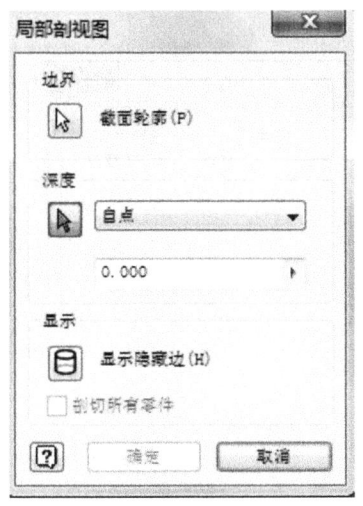

图 4-35

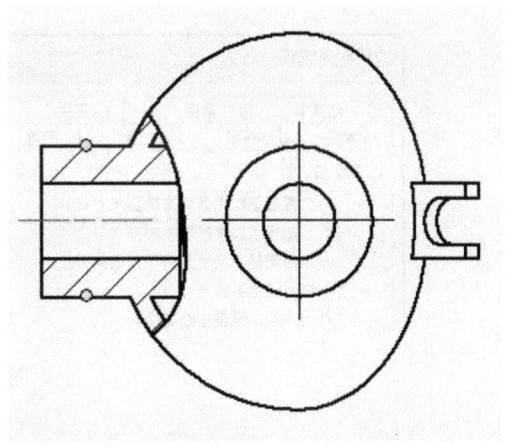

图 4-36

4.3 工程图的标注

4.3.1 工程图的尺寸

工程图的尺寸通过模型尺寸和工程图尺寸两种方式标注。模型尺寸是控制零件特征大小的尺寸，即零件建模时在创建草图和添加特征的过程中所应用的尺寸。工程图尺寸是设计人员为更好地表达设计思想而在工程图中新标注的尺寸。

1. 模型尺寸

获取模型尺寸主要有以下三种方式。

1）更改"应用程序选项"中的设置。单击工具面板上"工具"选项卡中的"应用程序选项"按钮，如图4-37所示，弹出"应用程序选项"对话框，选择"工程图"选项卡，勾选"放置视图时检索所有模型尺寸"，如图4-38所示，便可在创建视图时自动显示所有与视图平行的模型尺寸。

2）创建基础视图时获取模型尺寸。在创建基础视图时，在"工程视图"对话框的"显示选项"选项卡中勾选"所有模型尺寸"，如图4-39所示，新建的基础视图便会显示所有与视图平行的模型尺寸。

图　4-37

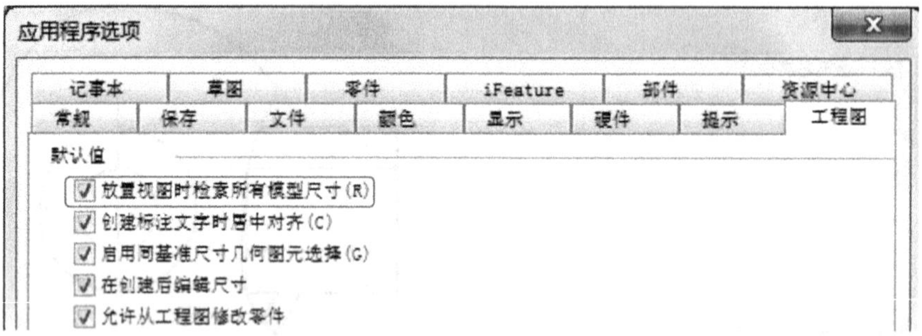

图　4-38

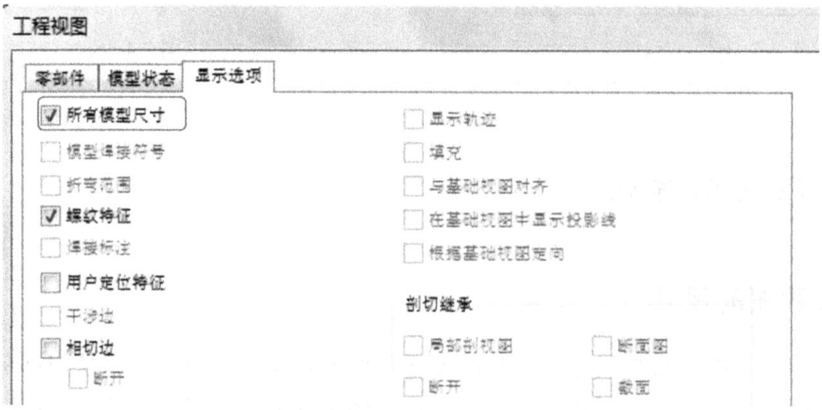

图　4-39

3）检索已有视图的模型尺寸。单击工具面板上"标注"选项卡中的"检索"按钮，如图4-40所示，弹出"检索尺寸"对话框，如图4-41所示，在"选择视图"时选中待检索尺寸的视图，如图4-42所示。在"选择来源"中对尺寸来源进行选择：如选中"选择特征"方式，可对视图以特征为单位

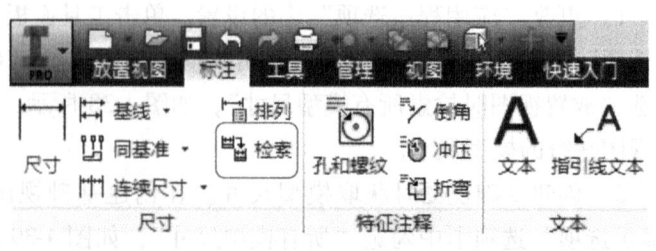

图　4-40

进行尺寸检索；如选中"选择零件"方式，可对视图以零件为单位进行尺寸检索。完成尺寸来源的选择后，视图中将自动显示所有与视图平行的模型尺寸，按下对话框中的"选择尺寸"按钮，对这些尺寸进行选择，选择需要的尺寸显示在视图中，如图 4-43 所示。完成尺寸的选择后，单击对话框中的"确定"按钮，完成该视图的尺寸检索，如图 4-44 所示。

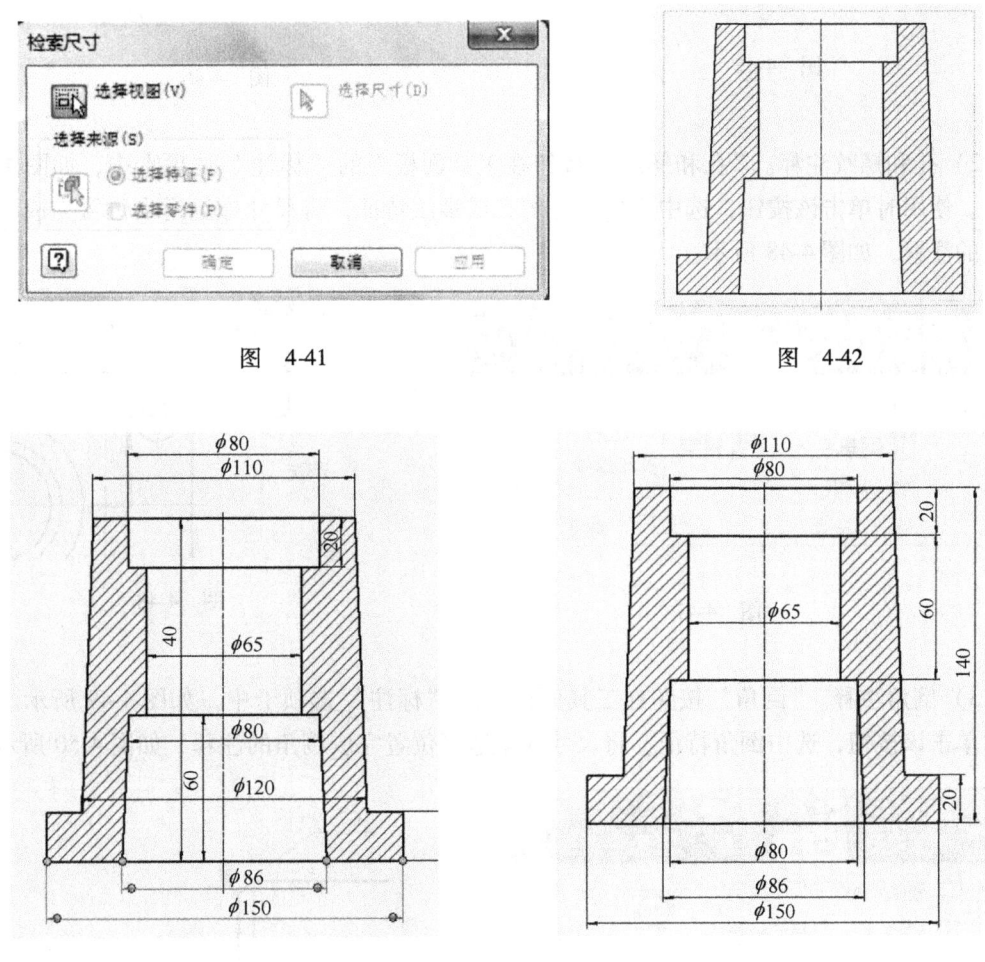

图 4-41　　　　　　　　　　　图 4-42

图 4-43　　　　　　　　　　　图 4-44

2. 工程图的尺寸

工程图的尺寸是由用户自行添加的，作为对模型尺寸不完整标注或不规范标注的补充。工程图的尺寸仅仅是对模型当前状态的描述。当模型尺寸发生变化时，工程图的尺寸会发生相应的变化，但是对工程图的尺寸的修改，不会对模型产生影响。添加工程图的尺寸的工具主要有通用尺寸、孔和螺纹注释以及倒角注释等。

1）通用尺寸。通用尺寸按钮在工具面板上的"标注"选项卡中，如图 4-45 所示。通用尺寸工具可用于标注线性尺寸、角度尺寸、半径尺寸和直径尺寸等，其使用方法与草图环境中添加尺寸约束的方法类似，如图 4-46 所示。

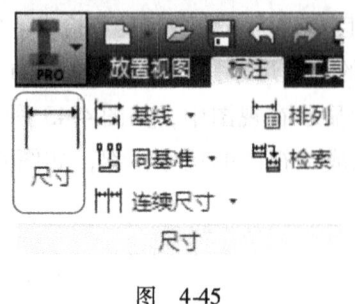

图 4-45

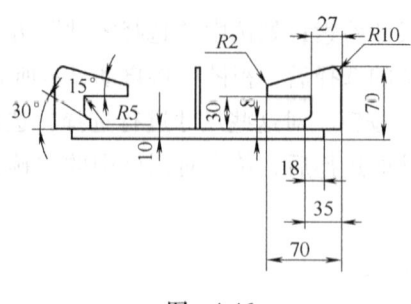

图 4-46

2）孔和螺纹注释。"孔和螺纹"按钮在工具面板上的"标注"选项卡中，如图 4-47 所示。使用时单击该按钮，选中需要标注的孔或螺纹特征，将尺寸拖至适当位置完成孔和螺纹的注释，如图 4-48 所示。

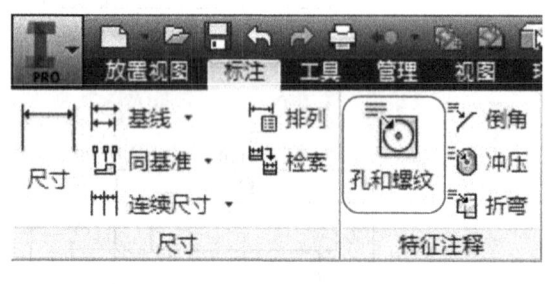

图 4-47

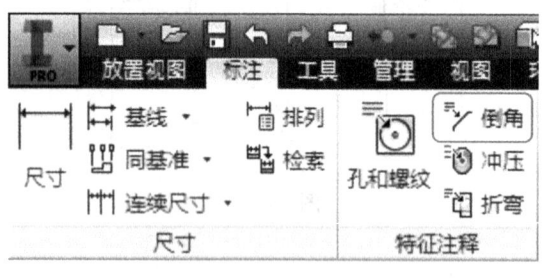

图 4-48

3）倒角注释。"倒角"按钮在工具面板上的"标注"选项卡中，如图 4-49 所示。使用时单击该按钮，选中倒角特征，将尺寸拖至适当位置完成倒角的注释，如图 4-50 所示。

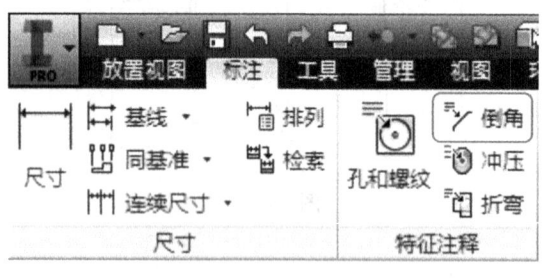

图 4-49

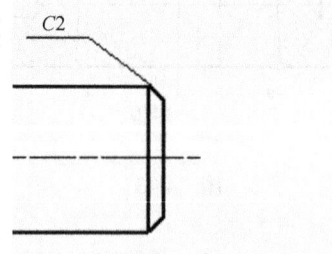

图 4-50

3. 尺寸编辑

1）移动尺寸。在需要调整的尺寸上按住鼠标左键不放，将尺寸拖曳至合适的位置后再松开，可完成尺寸在同一视图中的位置调整，如图 4-51 所示。如需将尺寸由当前视图移动至其他视图，先选中该尺寸并单击鼠标右键，选择菜单中的"移动尺寸"，并选择另一个视图作为移动的目的地，如图 4-52 所示。

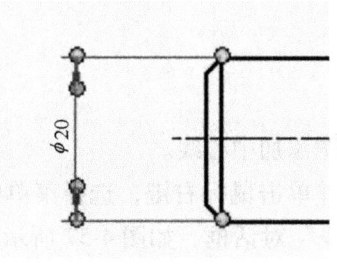 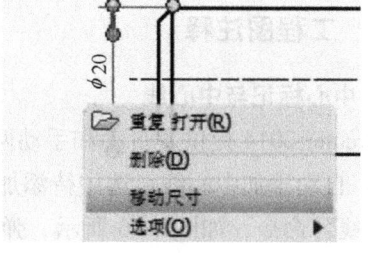

图 4-51　　　　　　　　　　　　　　　　图 4-52

2）删除尺寸。选中需删除的尺寸，单击鼠标右键，在菜单中选择"删除"命令。

3）修改尺寸值。选中需修改的尺寸，单击鼠标右键，在菜单中选择"文本"命令，弹出"文本格式"对话框，如图 4-53 所示，可以对已经标注的尺寸进行编辑，但是不能删除模型尺寸的数值。也可以在右键菜单中选择"编辑"命令，弹出"编辑尺寸"对话框，如图 4-54 所示，对已经标注的尺寸进行编辑。

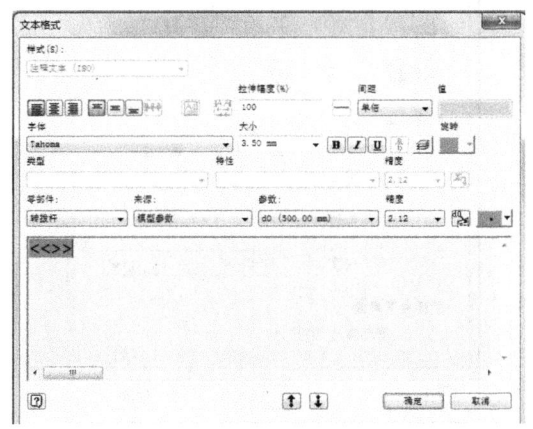 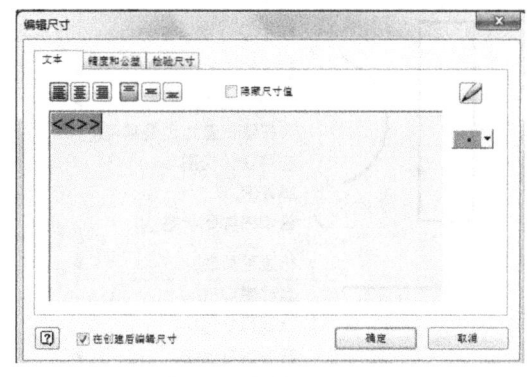

图 4-53　　　　　　　　　　　　　　　　图 4-54

对于模型尺寸，选中需修改的尺寸，单击鼠标右键，在菜单中选择"编辑模型尺寸"命令，弹出"编辑尺寸"对话框，如图 4-55 所示，可以输入新的数值，修改后的新数值将驱动原有的零件模型，使该尺寸在工程图和零件模型中均发生变化。

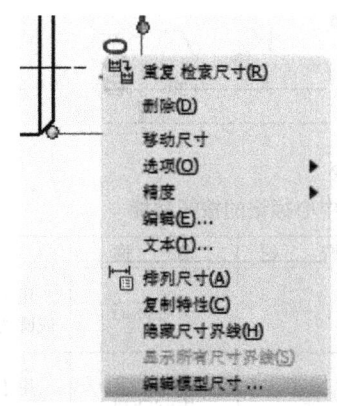

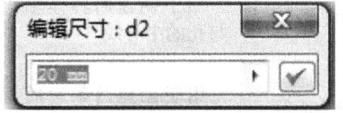

图 4-55

4.3.2 工程图注释

1. 中心标记与中心线

Inventor 2014 提供了自动和手动两种方式为工程图添加中心线。

1）自动添加中心线。选中待添加中心线的视图并单击鼠标右键，选择菜单中的"自动中心线"命令，如图 4-56 所示，弹出"自动中心线"对话框，如图 4-57 所示，完成对话框中的相应设置后单击"确定"按钮，便可完成自动中心线与中心标记的绘制。

2）手动添加中心线。可通过工具面板上"标注"选项卡中的中心线、对分中心线、中心标记与中心阵列四个按钮手动创建中心线和中心标记，如图 4-58 所示。四种按钮对应的功能见表 4-1。

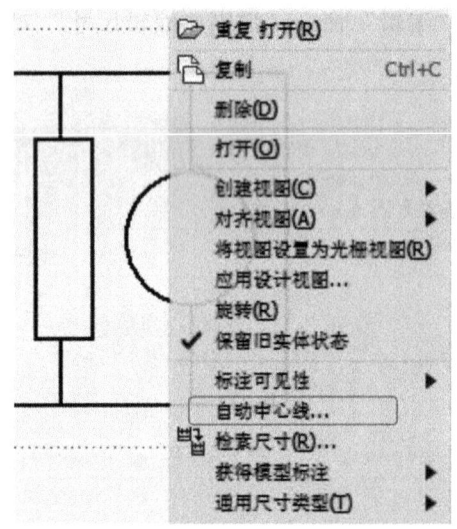
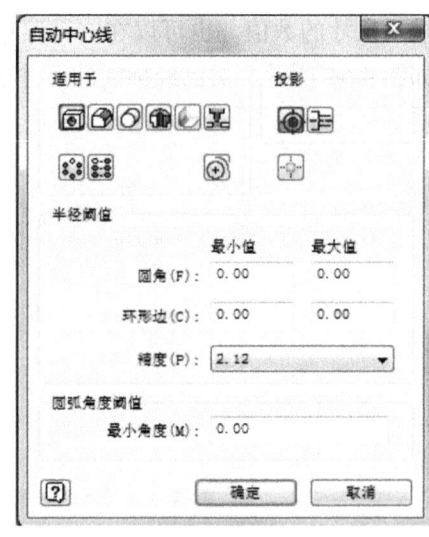

图 4-56　　　　　　　　　　　　　　图 4-57

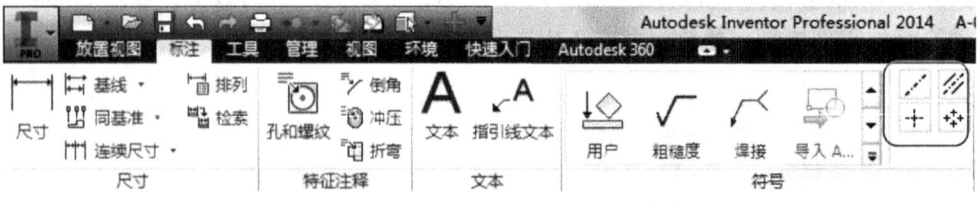

图 4-58

表 4-1 手动创建中心线与中心标记的按钮功能

按　钮	名　称	功　能	按　钮	名　称	功　能
	中心线	用于创建回转体轴线与孔的中心线		中心标记	用于创建选定的圆弧或圆的中心标记
	对分中心线	用于创建两条边的对分中心线		中心阵列	用于创建环形阵列特征的环形中心线

如果中心线和中心标记样式需要调整，可以选中中心线和中心标记，单击鼠标右键，在菜单中选择"编辑中心标记样式"命令，如图4-59所示，弹出"中心标记样式［中心标记（GB）］"对话框，修改参数设置，如图4-60所示。

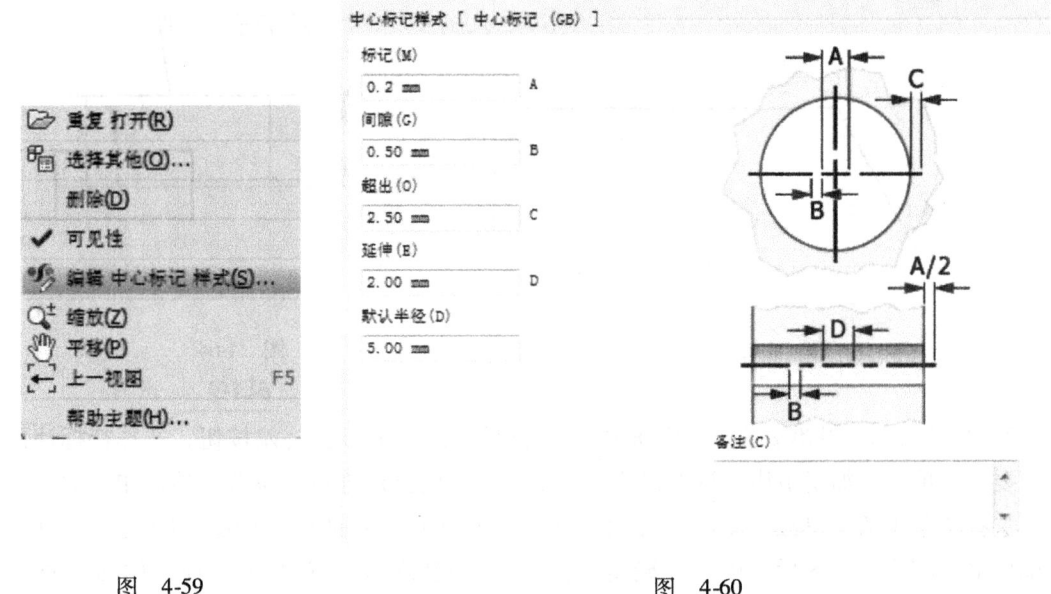

图 4-59　　　　　　　　　　　　　　　　　图 4-60

2. 常用符号

在 Inventor 2014 工程图中，表面粗糙度、形位公差[⊖]、焊接等常用符号可以在工具面板上的"标注"选项卡中直接创建，如图4-61所示。单击选项卡右侧的 ▼ 按钮，可以显示所有常用符号按钮，如图4-62所示。

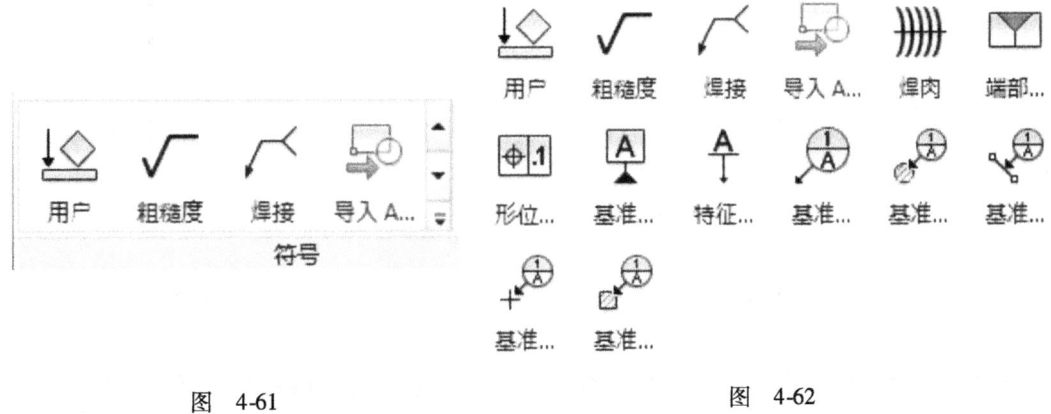

图 4-61　　　　　　　　　　　　　　　　　图 4-62

1）表面粗糙度。单击表面粗糙度按钮，选择待标注的几何要素，单击鼠标右键，选择菜单中的"继续"命令，弹出"表面粗糙度"对话框，如图4-63所示，完成相应的设置，单击"确定"按钮，完成后效果如图4-64所示。

⊖ 国家标准中为几何公差，为与软件统一，本书中用形位公差。

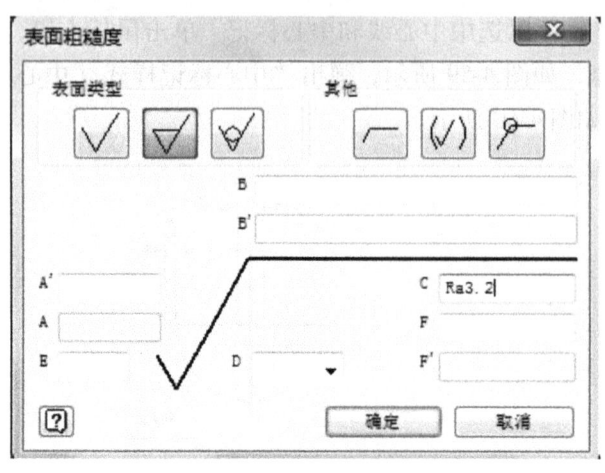 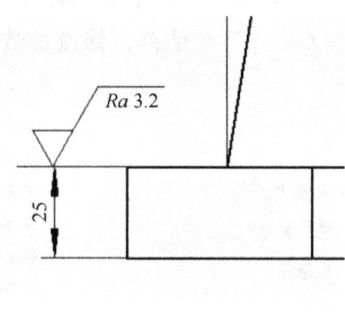

图 4-63　　　　　　　　　　　　　图 4-64

2）形位公差与基准要素。标注形位公差符号时，单击形位公差按钮，选择待标注的几何要素，单击添加指引线控制点以确定指引线与形位公差符号的位置，然后单击鼠标右键，选择菜单中的"继续"命令，弹出"形位公差符号"对话框，如图 4-65 所示。在对话框中输入相应的内容后，单击"确定"按钮，完成形位公差符号的标注，如图 4-66 所示。

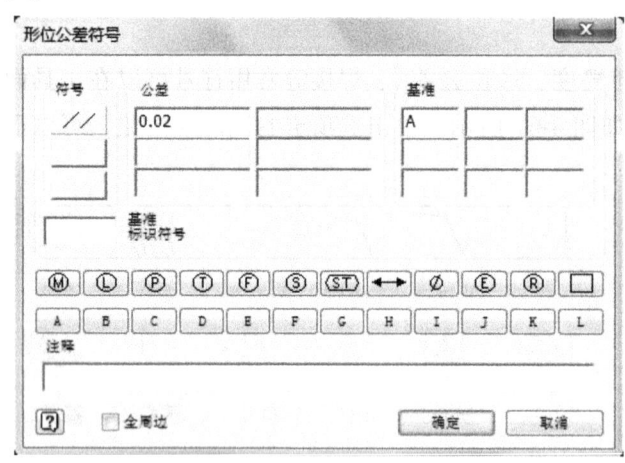 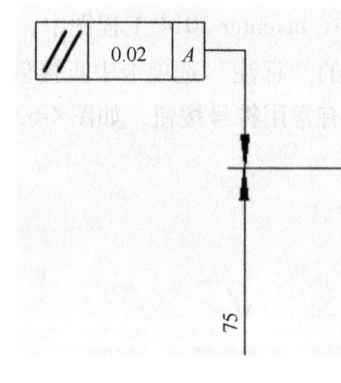

图 4-65　　　　　　　　　　　　　图 4-66

基准要素的标注与形位公差符号的标注类似。弹出"文本格式"对话框，如图 4-67 所示，在对话框中完成相应的设置，单击"确定"按钮，完成基准要素的标注，如图 4-68 所示。

3. 文本

文本包括文本和指引线文本。文本工具可以用来填写标题栏和技术要求等。指引线文本用来创建带有指引线的注释。

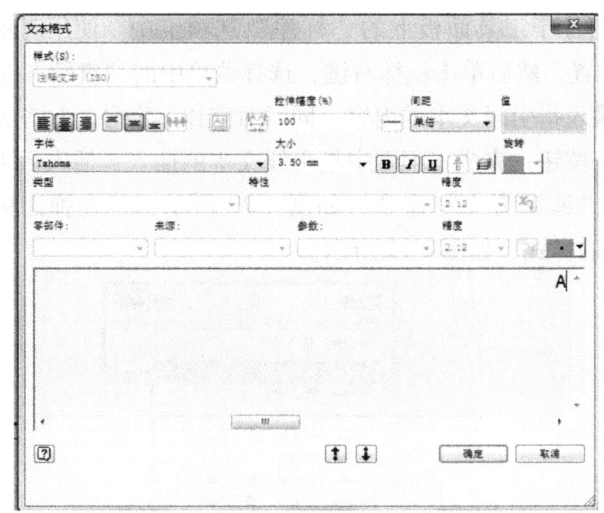
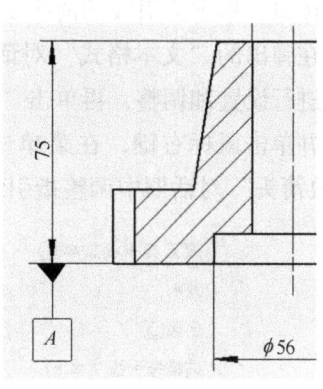

图 4-67　　　　　　　　　　　　　　　　　图 4-68

（1）文本　文本按钮位于工具面板上的"标注"选项卡中，如图4-69所示。使用时单击文本按钮，在工程图中指定文本的位置和范围，弹出"文本格式"对话框，在对话框中输入文本，同时对字体、字号、对齐方式等进行设置和调整，然后单击"确定"按钮，完成工程图中文本的插入，如图4-70所示。

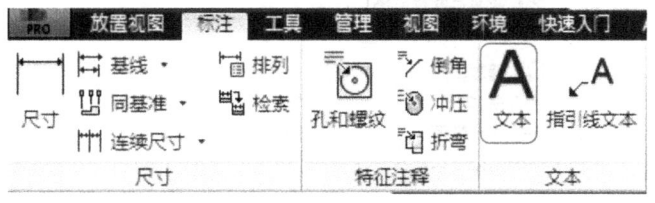

图 4-69

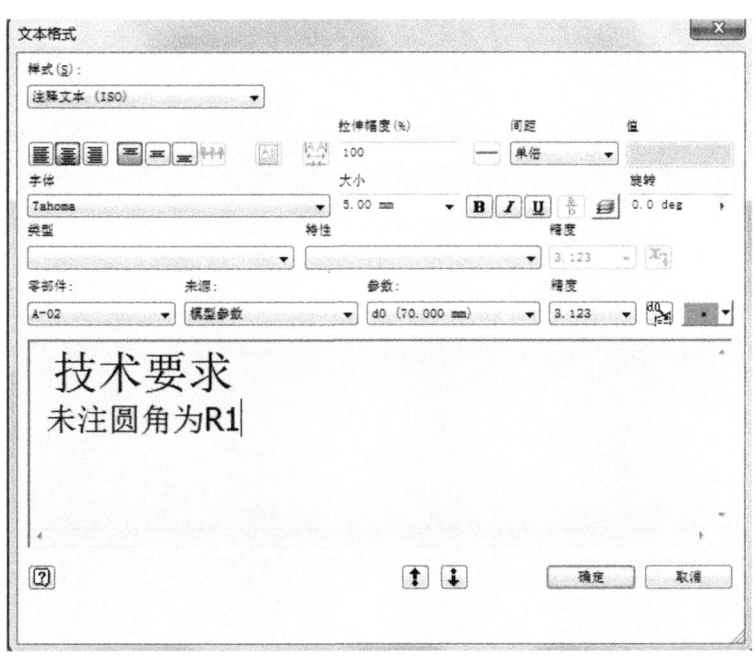

图 4-70

（2）指引线文本　指引线文本按钮位于工具面板上的"标注"选项卡中。使用时单击此按钮，指定指引线的箭头所在的位置，然后单击鼠标右键，选择菜单中的"继续"命令，在弹出的"文本格式"对话框中输入指引线文本的内容，同时对字体、字号、对齐方式等进行设置和调整，再单击"确定"按钮，完成工程图中指引线文本的插入。插入后可选中并单击鼠标右键，在菜单中选择"编辑箭头"命令，如图 4-71 所示，可在弹出的"更改箭头"对话框中调整指引线箭头的样式，如图 4-72 所示。

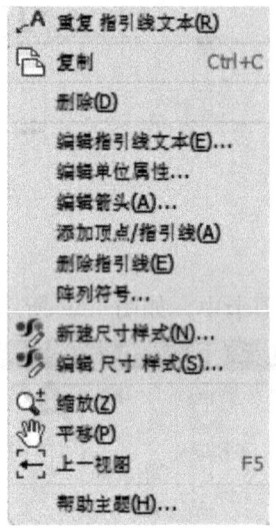

图　4-71

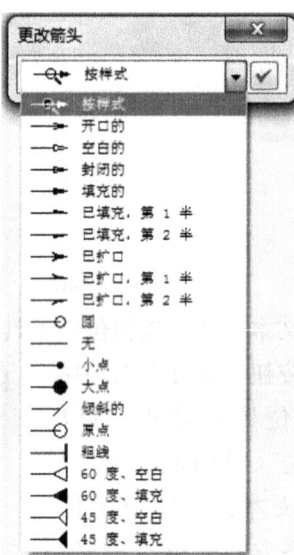

图　4-72

第 5 章 设计表达

知识要点

1. 创建表达视图。
2. 渲染图像。
3. 渲染动画。

5.1 表达视图的创建

在传统设计中,机器装配过程是比较难以表达的。Inventor 2014 的"表达视图"是表达这种装配过程的有效工具。表达视图可以输出成"*.avi"或者"*.wmv"等动画文件,可在 Windows 通用的播放工具中打开和播放,也可以借此创建工程图。

创建表达视图之前,必须创建一个表达文件,使用一个".ipn"格式的文件来存储视图,在表达视图中可以使用默认的模板。"表达视图"命令在"快速访问"工具栏的"新建"下拉列表中,如图 5-1 所示。

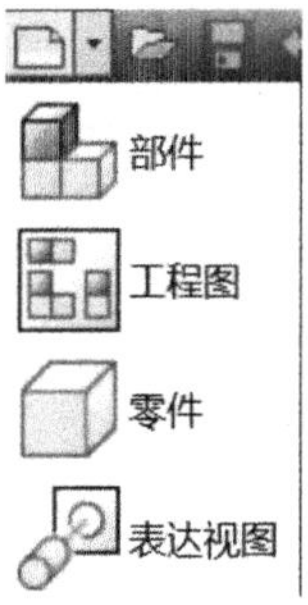

5.1.1 表达视图的环境

表达视图的环境与部件装配环境相似,面板包含用来创建表达视图的工具,图形窗口中显示用于表达视图中的几何模型,浏览器中显示视图的名称和与表达视图相关的其他信息,如图 5-2 所示。

图 5-1

5.1.2 创建表达视图

可使用表达视图来创建装配的分解视图,可以创建的表达视图的数量是不受限制的。在功能区的"表达视图"选项卡的"创建"组中选择"创建视图"命令,将弹出"选择部件"对话框,如图 5-3 所示。

1)文件:如果已经打开一个装配件,它将在自动列表中列出来。如果在当前状态下没有打开的装配件,必须输入装配文件的路径或者单击"浏览"按钮来浏览装配文件。

2)选项:单击该按钮,可选择设计视图表达,并将它作为表达视图的基础视图,也可单击"浏览"按钮来浏览装配文件。

3)分解方式:从下列选项中选择分解方式。

①自动:这个选择可基于所输入的值在装配中自动移动零部件来创建分解视图。

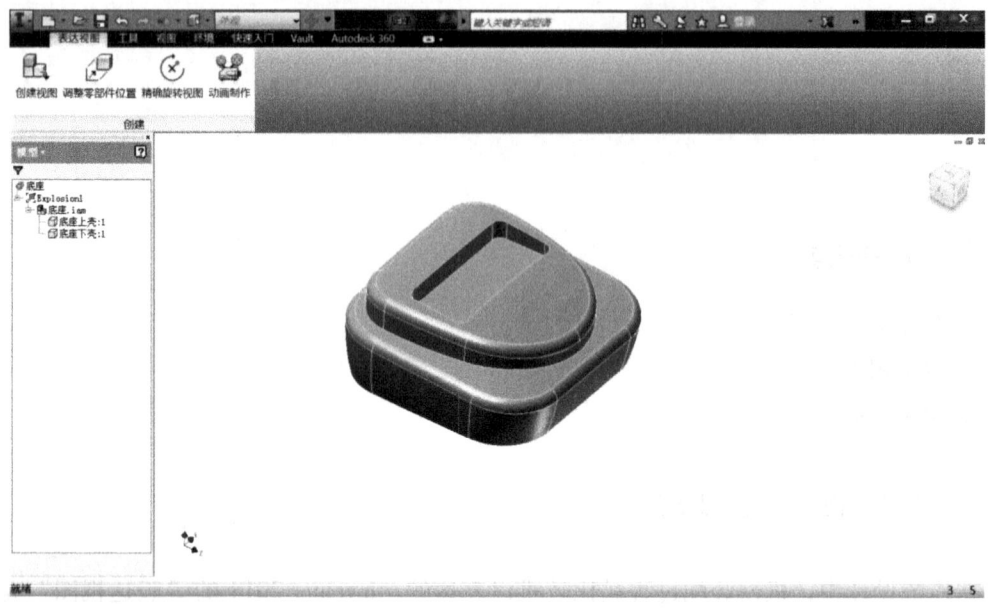

图 5-2

图 5-3

② 手动：可以通过调整方式移动每个零部件来创建分解视图。
③ 距离：输入一个分解距离来移动每个零部件，仅适用于自动分解零部件。
④ 创建轨迹：这个选项用来显示每个零部件从装配位置移动到分解位置的路径。

5.2 表达视图的应用

下面通过图 5-4 所示工作灯的表达视图的创建，介绍表达视图模块的基本使用方法。

其设计流程如下：

步骤1：新建表达视图文件，如图5-5所示，进入表达视图环境，如图5-6所示。

图　5-4　　　　　　　　　　　　　　　　　　图　5-5

图　5-6

步骤2：单击"创建视图"图标按钮，弹出"选择部件"对话框，如图5-7所示。通过该对话框可浏览并选中工作灯部件文件。选择手动方式，创建表达视图。

步骤3：部件文件进入表达视图环境后，工具面板中的其他按钮将可以使用。单击"调整零部件位置"按钮 ，弹出如图5-8所示的对话框。

步骤4：旋钮沿轴线移出动作设置。首先，单击"调整零部件位置"对话框中"零部件"前的按钮 ，在图形区中选择零件旋钮，如图5-9所示；接下来单击"方向"前的按钮 ，并通过在图形区中放置坐标系及在对话框中选择坐标轴确定其方向，选择沿Z轴平动，如图5-10所示；最后，在数值框中输入"35"，单击按钮 ，应用该数值，如图5-11

所示，完成后单击"清除"按钮，使本次设置生效。

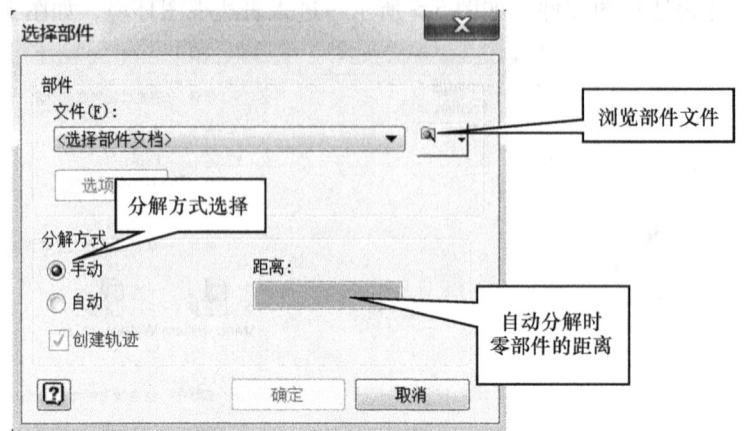

图 5-7

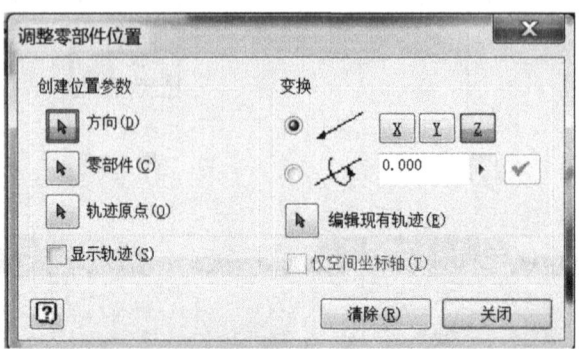

图 5-8

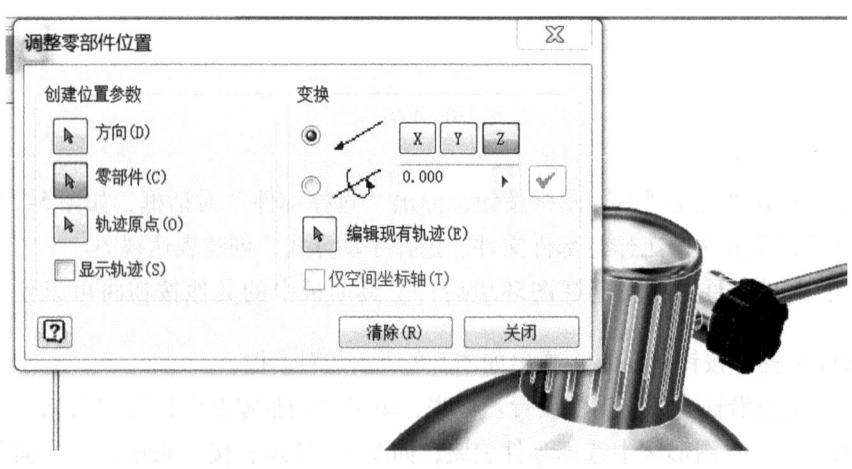

图 5-9

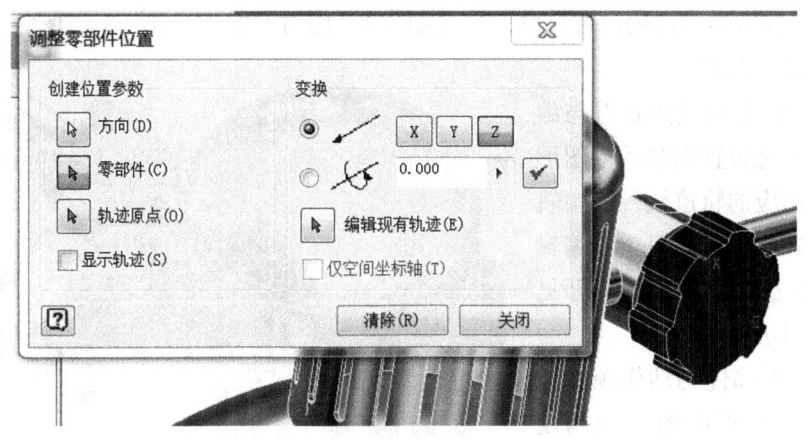

图 5-10

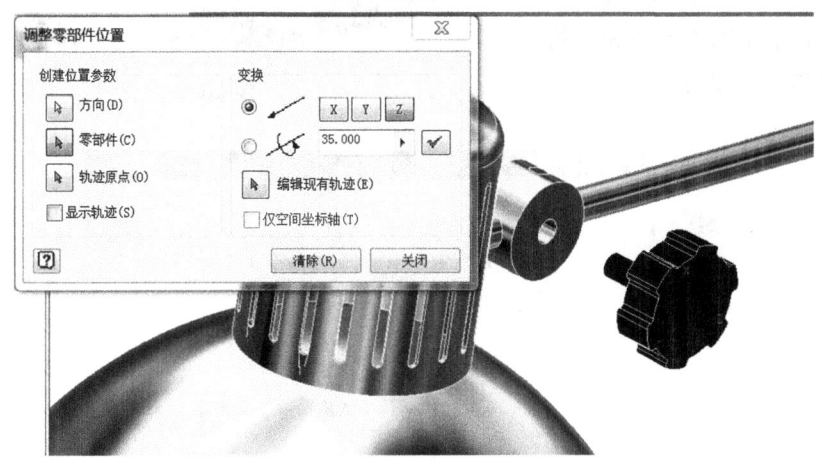

图 5-11

步骤5：旋钮绕轴线转动动作设置。与沿轴线移出动作设置相似，选择旋钮作为待调整位置零部件，接下来在图形区中放置坐标系，这里需注意选择旋钮的圆柱面以保证坐标系的原点在旋钮的轴线上，如图 5-12 所示，并选择绕 Z 轴转动的方式，在对话框中输入数值"3600"，即旋钮绕自身旋转 10 周，如图 5-13 所示，完成后单击"清除"按钮。

图 5-12

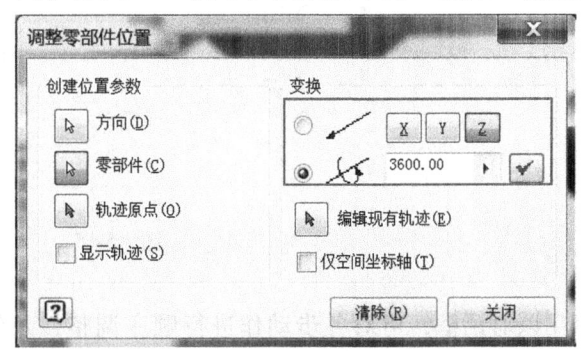

图 5-13

步骤6：其他零部件的位置调整。参考图5-4，用与步骤4、步骤5相似的方法完成其他零部件位置的调整。

步骤7：位置调整的查看与编辑。零部件经过位置调整后，图形区中会出现相应的轨迹线，选中轨迹线并单击鼠标右键，可查看编辑位置的信息或关闭轨迹线的可见性，如图5-14所示。

步骤8：零部件的动作顺序设置。单击工具面板中的"动画制作"按钮 动画制作，弹出"动画"对话框，单击右下角的展开按钮 » 将其展开，如图5-15所示。

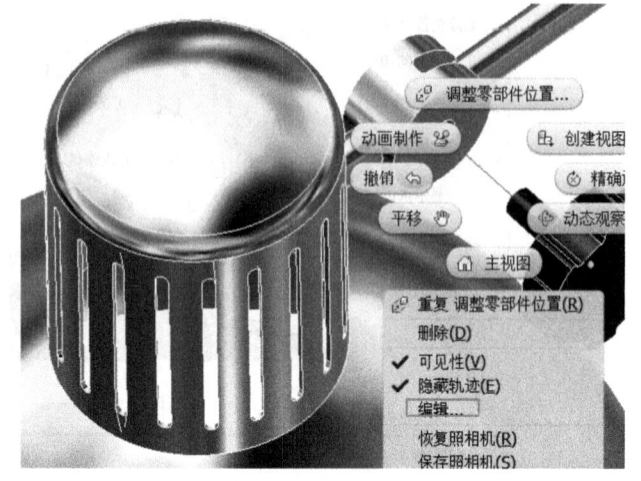

图 5-14

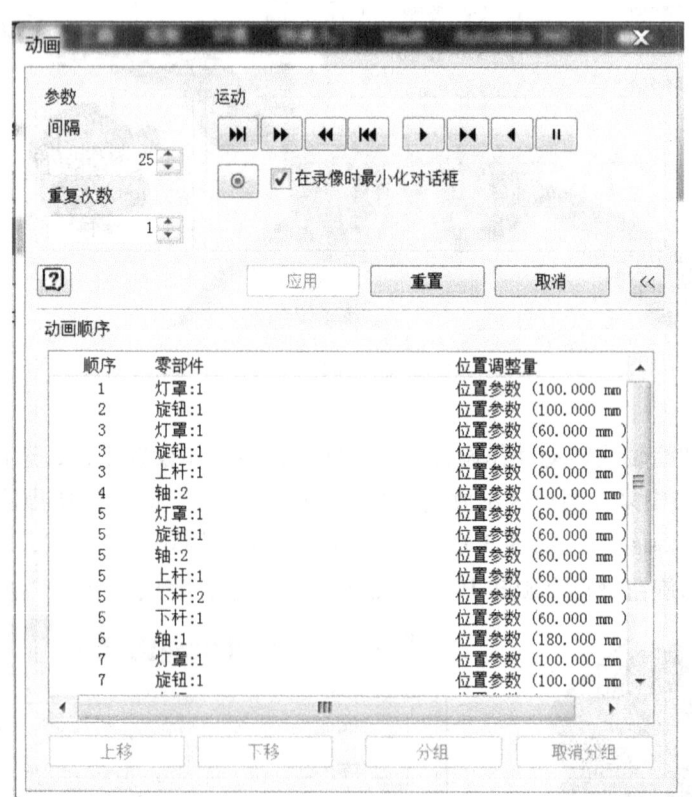

图 5-15

利用该对话框，可对各步动作进行顺序调整以及组合操作。选中某一动作后，单击"上移"或"下移"按钮，可调整其与其他动作的先后顺序。同时选中两个或两个以上的动作，单击"分组"按钮，可使它们同时进行。

步骤9：完成零部件的动作顺序后，在浏览器中单击"浏览器过滤器"按钮，并选择"顺序视图"命令，便可在浏览器中查看各步动作，如图5-16所示。

如需改变某一动作时整个部件的视角与缩放比例，可首先通过缩放工具完成视角与比例的设置，然后在浏览器中的这一动作上单击鼠标右键，选择菜单中的"编辑"命令，弹出"编辑任务及顺序"对话框，单击"设置照相机"按钮，可将这一视角与缩放比例保存至这个动作中，如图5-17所示。

步骤10：制作表达动画。完成上述设置后，再次单击工具面板中的"动画制作"按钮，弹出"动画"对话框，单击播放按钮和快进按钮等可查看动画并检验上述步骤中的设置是否正确。若需录制部件装拆动画，首先单击录像按钮，指定视频文件的文件名和保存路径，以及视频的相关参数，再单击播放按钮，便可将上述动作录制成".avi"或".wmv"视频文件，供交流与展示使用。

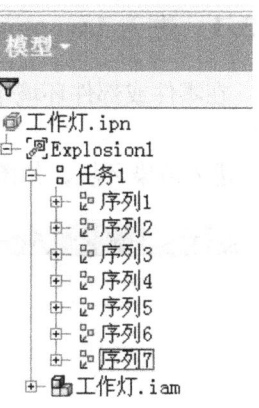

图 5-16

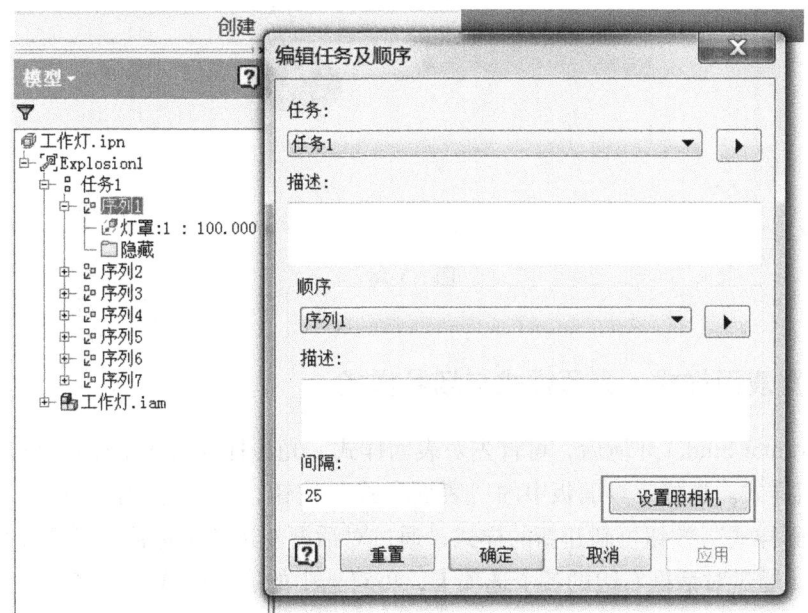

图 5-17

5.3 渲染（Inventor Studio）

Inventor Studio 是集成在 Inventor 2014 中的渲染模块，用于输出高质量的渲染图片与渲染动画。使用 Inventor Studio，可对零部件的表面样式、零部件所处的场景样式以及零部件所处环境的光源进行调整与设置，也可对部件中各零件的运动时间、速度与顺序等做出精确的设置，并输出渲染图像与渲染动画。

5.3.1 进入 Inventor Studio

在零件或部件环境中，选择工具面板上"环境"选项卡中的"Inventor Studio"按钮进入渲染环境，如图 5-18 所示。

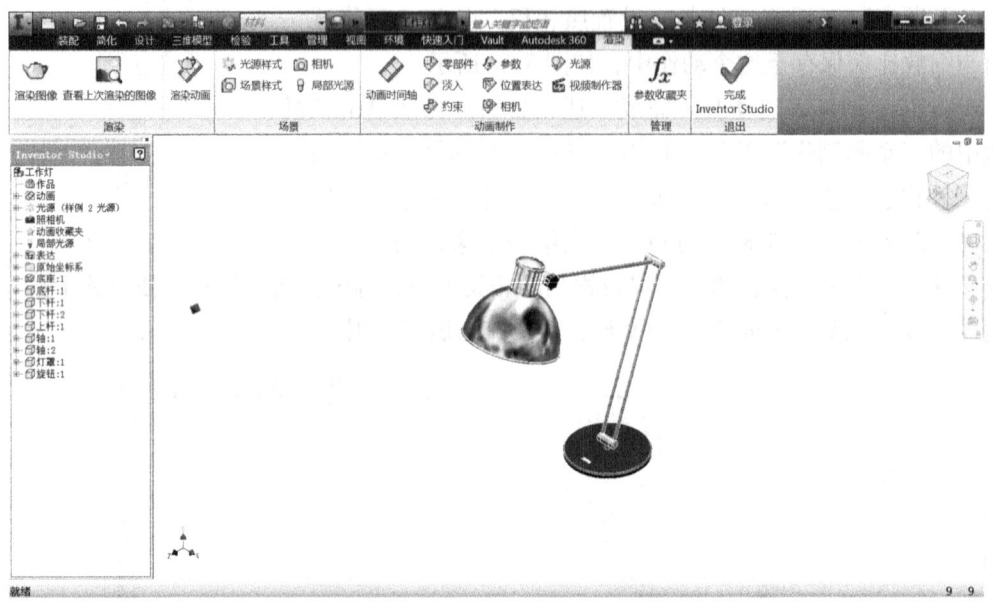

图 5-18

5.3.2 设置表面样式、光源样式与场景样式

进入 Inventor Studio 环境后，可首先对表面样式、光源样式与场景样式进行设置。

1）表面样式。选择工具面板中的"表面样式"按钮，弹出对话框：通过对话框左边的"新建表面样式"按钮可新建新的样式；通过对话框左边的浏览器，可选择待调整样式的表面材质；通过对话框右边的各个选项卡，可对选中的表面样式进行修改。设置完成后单击"保存"按钮应用更改，可用于后续制作渲染图像或动画。

2）光源样式。选中工具面板中的"光源样式"按钮，弹出对话框，将场景的光源在图形区中予以显示，如图 5-19 所示。通过对话框左边的"新建光源样式"按钮可创建新的样式；通过对话框左边的浏览器，可选择待调整的光源形式；通过对话框右边的各个选项卡，可对选中的光源样式进行修改。

3）场景样式。选中工具面板中的"场景样式"按钮，弹出对话框，将场景的反射平面在图形区中予以显示，如图 5-20 所示。通过对话框左边的"新建场景样式"按钮可创建新的样式；通过对话框左边的浏览器，可选择待调整的场景样式。

第 5 章 设计表达

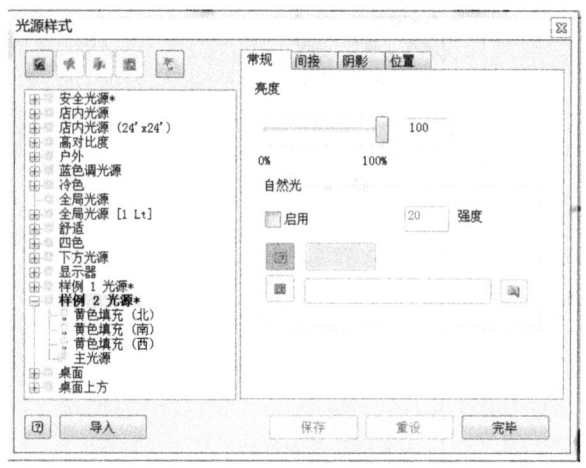 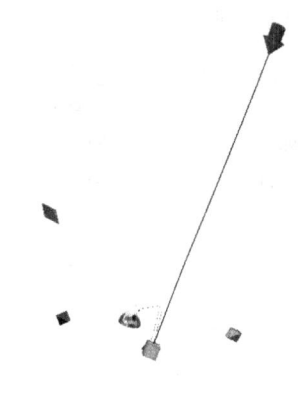

图 5-19

 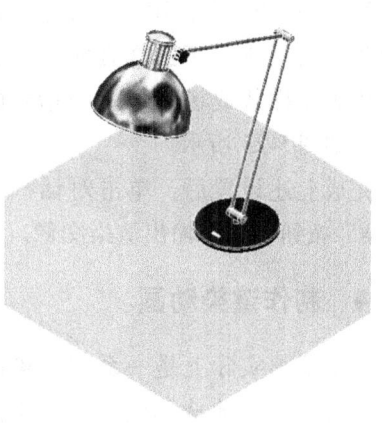

图 5-20

5.3.3 制作渲染图像

完成表面样式、光源样式和场景样式的设置后，可为零部件制作渲染图像。单击工具面板中的"渲染图像"按钮 ，弹出"渲染图像"对话框。该对话框共有以下三个选项卡。

1）常规选项卡：用于设置图像的大小，并选择预先设定的或默认的光源样式和场景样式等，如图 5-21 所示。

2）输出选项卡：用于设置图像的反走样质量，如图 5-22 所示。反走样用于消除图像边缘的锯齿式扭曲，使图像平滑，更加接近真实效果。

图 5-21

图 5-22

3）样式选项卡：用于选择是否需要真实反射。选择真实反射，渲染图像将对场景中的对象进行反射；不选择真实反射，图像将使用表面样式或场景样式中指定的图像反射，如图 5-23 所示。

完成上述设置后，单击对话框下方的"渲染"按钮，便可输出渲染图像。

5.3.4 制作渲染动画

渲染动画实际上是一系列渲染图像的组合，可以连续地从不同角度以不同的比例对静止的或正在运动的零部件进行直观的表达。其输出文件可以是视频，也可以是图像。

图 5-23

首先设置"动画时间轴"。单击工具面板中的"动画时间轴"按钮，在弹出的对话框中单击"展开操作编辑器"按钮，可对动画特性进行控制与编辑，如图 5-24 所示。动画时间轴是渲染动画的重要内容，它将动画中的各个动作及其特性按照发生的时间直观地进行管理，用户可通过时间轴添加、删除或编辑各个动作。单击动画时间轴中的"动画选项"按钮，可对渲染动画的总长、速度及重播间隔进行设置，如图 5-25 所示。

接下来进行约束动画的制作。在浏览器中选中待驱动约束并单击鼠标右键，选择菜单中的"约束动画制作"命令，弹出对话框，如图 5-26 所示。在该对话框中指定该约束的开始和结束的位置及时间，单击"确认"按钮应用设置，动画时间轴中便会出现相应的内

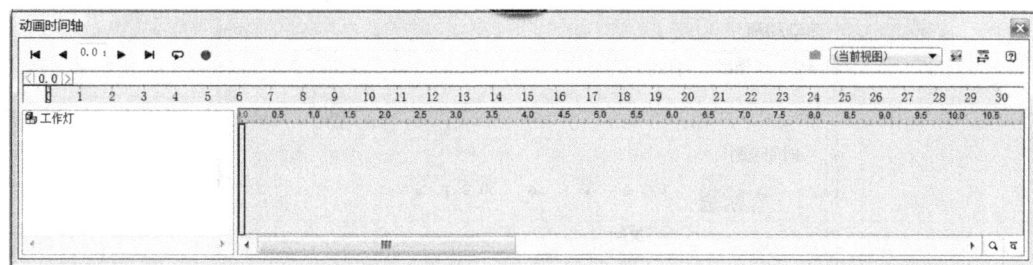

图 5-24

容，如图 5-27 所示。

重复上述操作，为其他约束制作动画约束。单击"动画时间轴"对话框中的播放、快进按钮可查看已经定义的动画，单击录制按钮可将动画保存成渲染动画。单击录制按钮后，将弹出"渲染动画"对话框。该对话框仅"输出"选项卡与"渲染图像"对话框有所不同，如图 5-28 所示，其输出选项卡中增加了时间范围和输出格式的有关内容，设置完成后单击"渲染"按钮，即可完成渲染动画的制作。

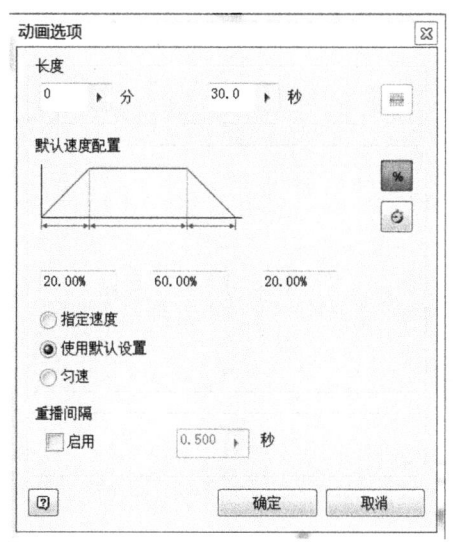

图 5-25

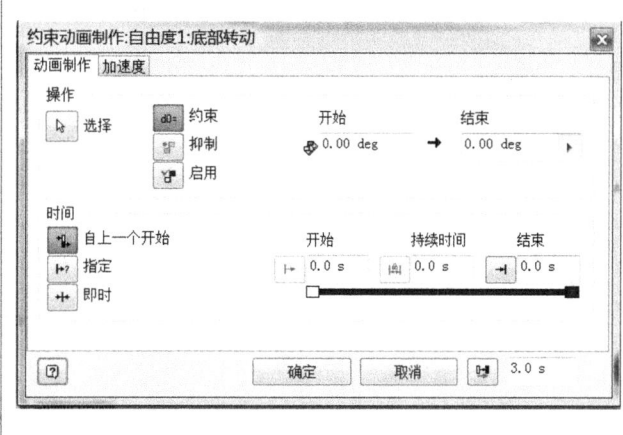

图 5-26

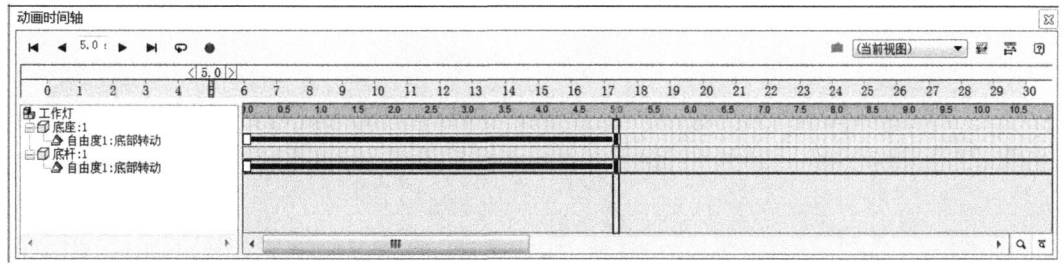

图 5-27

图 5-28

下篇 项目指导

项目一 千斤顶的设计

【项目要求】 根据给定的千斤顶工程图,建立如图 6-1 所示的千斤顶部件模型。

图 6-1

【项目分析】

一、部件结构分析

千斤顶整体结构如图 6-2 所示。

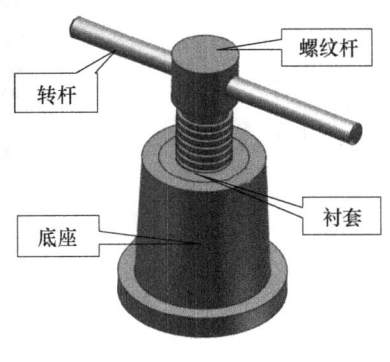

图 6-2

二、部件装配分析

千斤顶属于组合装配部件,由于其结构简单,进行整体装配,建模流程如图 6-3 所示。

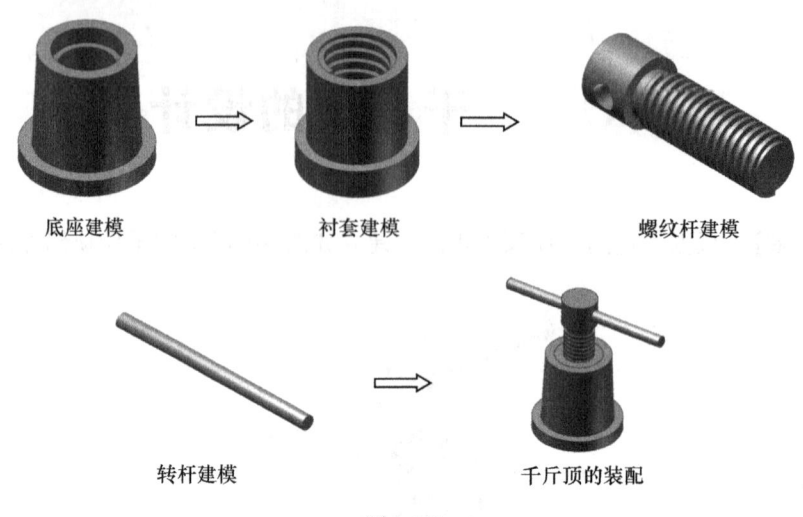

底座建模　　　衬套建模　　　螺纹杆建模

转杆建模　　　千斤顶的装配

图 6-3

任务一　底座的设计

【任务要求】　根据如图6-4所示的图样，建立如图6-5所示底座的三维模型。

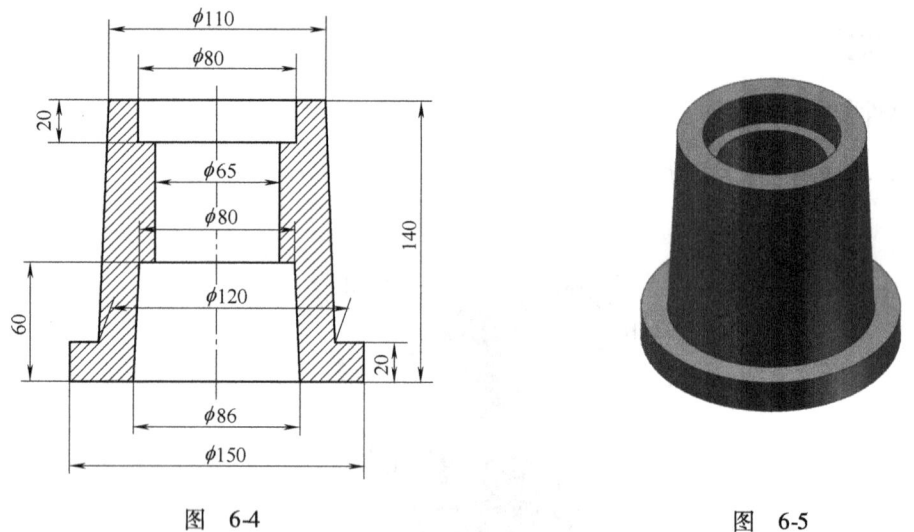

图 6-4　　　　　　　　　　图 6-5

【任务实施】

步骤1：选择"快速入门"命令，单击"启动"面板中的"项目"选项，打开项目编辑器，如图6-6所示。单击"新建"按钮，弹出如图6-7所示的"Inventor 项目向导"对话框，选择"新建单用户项目"命令，然后单击"下一步"按钮，在弹出的对话框中输入项目文件名称"千斤顶"，并设置项目文件夹的路径，如图6-8所示。

步骤2：单击模型面板上的 直线 按钮，绘制用于旋转的草图，如图6-9所示。

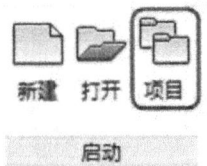

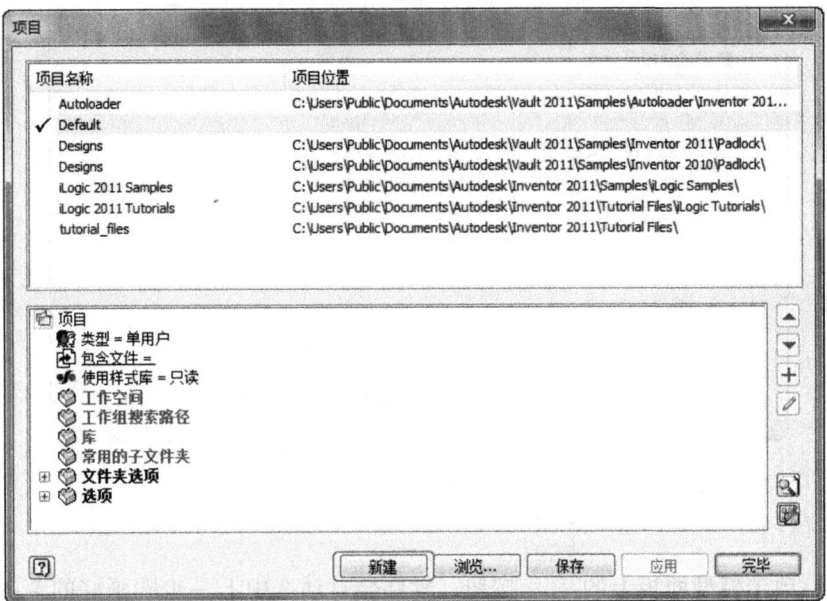

图 6-6

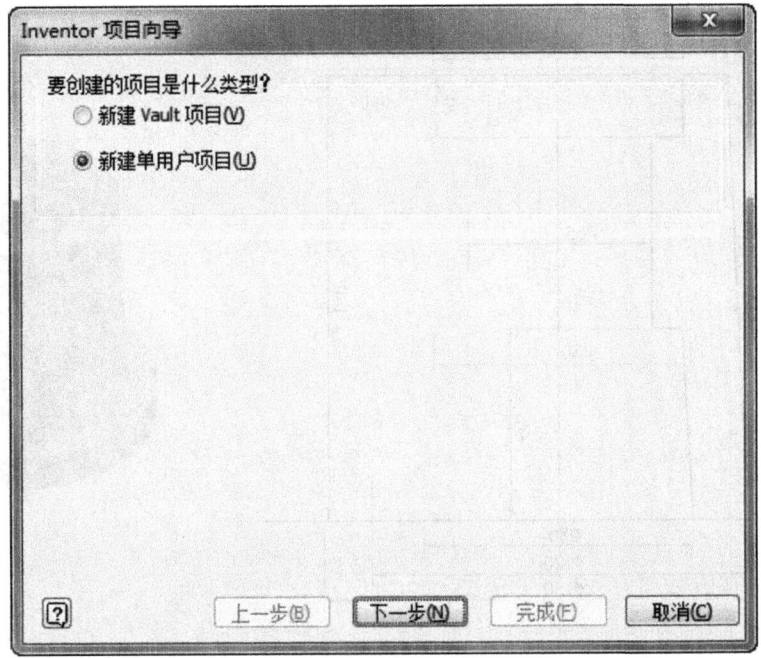

图 6-7

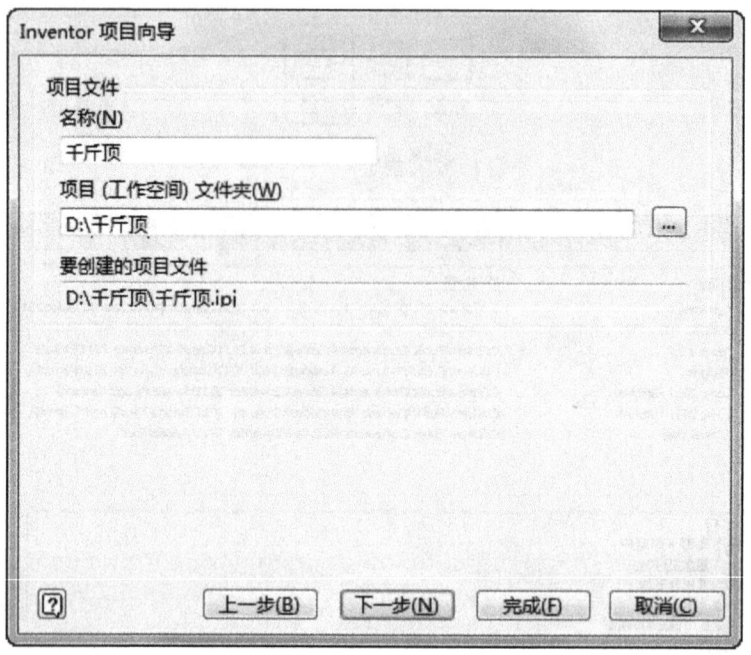

图 6-8

步骤3：单击模型面板上的 旋转 按钮，软件会自动选中上一步骤画好的草图，在范围中选择"全部"，旋转后的图形如图6-10所示。

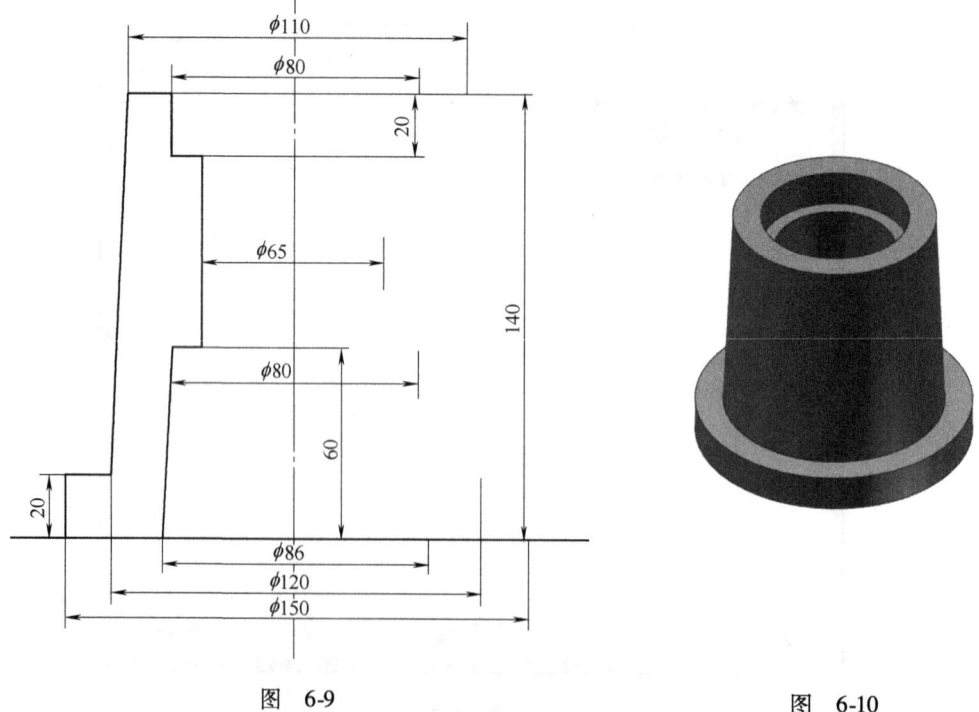

图 6-9　　　　　　　　　　　　　　　　图 6-10

任务二 衬套的设计

【任务要求】 根据如图6-11所示的图样,建立如图6-12所示衬套的三维模型。

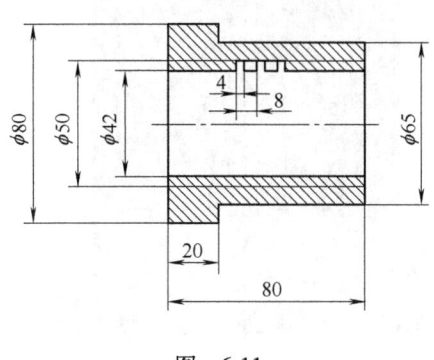

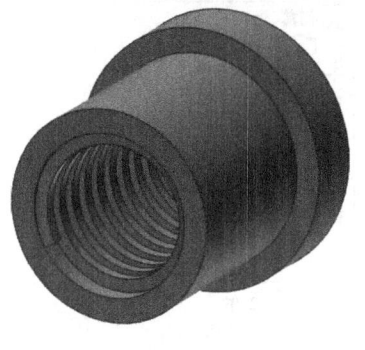

图 6-11　　　　　　　　　　　　　　图 6-12

【任务实施】

步骤1:单击模型面板上的 直线 按钮,绘制用于旋转的草图,如图6-13所示。

步骤2:单击模型面板上的 旋转 按钮,软件会自动选中上一步骤画好的草图,在范围中选择"全部",旋转后的图形如图6-14所示。

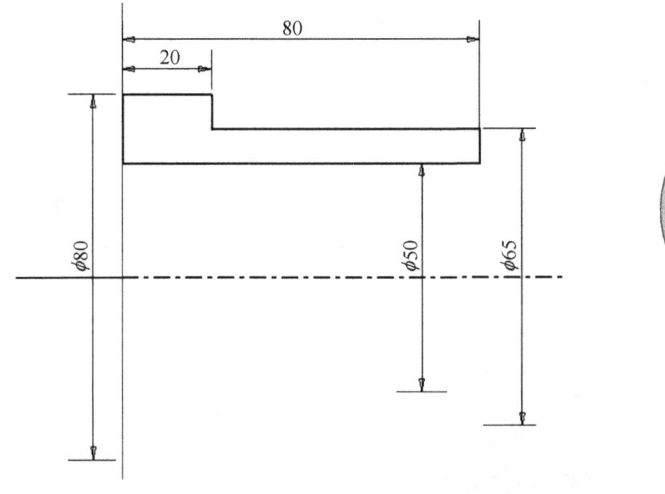

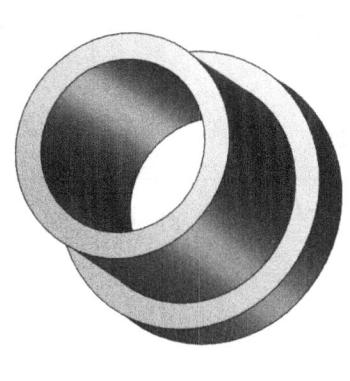

图 6-13　　　　　　　　　　　　　　图 6-14

步骤3:选中模型树中的XY平面,如图6-15所示,创建用于螺旋扫掠的轮廓,如图6-16所示。

步骤4:单击模型面板上的 螺旋扫掠 按钮,在如图6-17所示的"螺旋形状"选项卡中,将截面轮廓选择为上一步骤画好的草图,轴选择为衬套的中心轴,螺旋方向选择为顺时针。在如图 6-18 所示的"螺旋规格"选项卡中,将类型选择为"螺距和高度",设置螺距为"8mm",高度为"80mm",完成后的图形如图 6-19 所示。

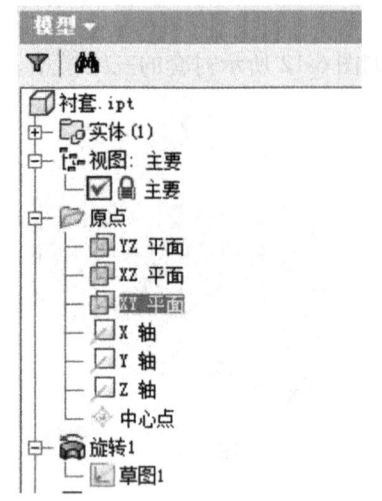

图 6-15

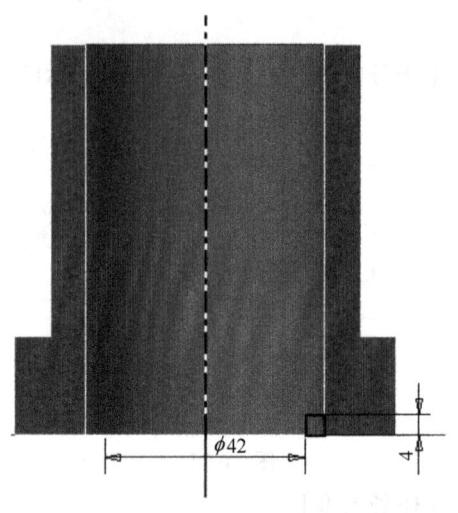

图 6-16

图 6-17

图 6-18

图 6-19

任务三　螺纹杆的设计

【任务要求】　根据如图 6-20 所示的图样，建立如图 6-21 所示螺纹杆的三维模型。

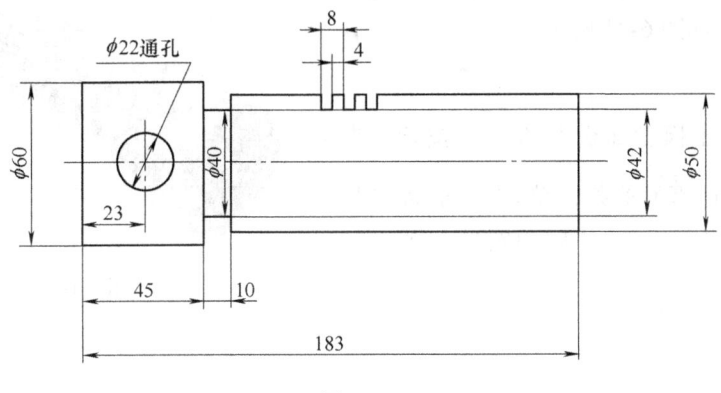

图　6-20

图　6-21

【任务实施】

步骤1：单击模型面板上的 直线 按钮，绘制用于旋转的草图，如图6-22所示。

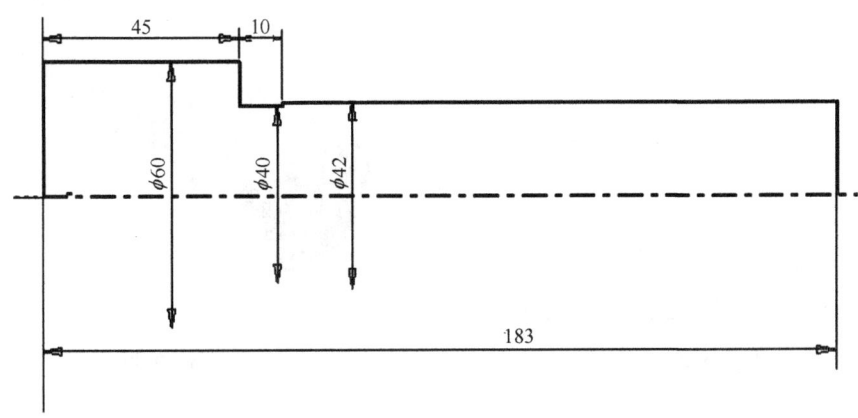

图　6-22

步骤2：单击模型面板上的 旋转 按钮，软件会自动选中上一步骤画好的草图，在范围中选择"全部"，旋转后的图形如图6-23所示。

步骤3：选中模型树中的YZ平面，创建用于拉伸的草图，如图6-24所示。

步骤4：单击模型面板上的 拉伸 按钮，在拉伸方式中选择 求差，范围选择为"贯通"，如图6-25所示，拉伸后的图形如图6-26所示。

图 6-23

图 6-24

图 6-25

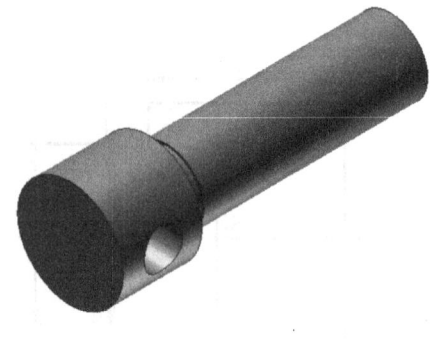

图 6-26

步骤5：选中模型树中的YZ平面，创建用于螺旋扫掠的轮廓，如图6-27所示。

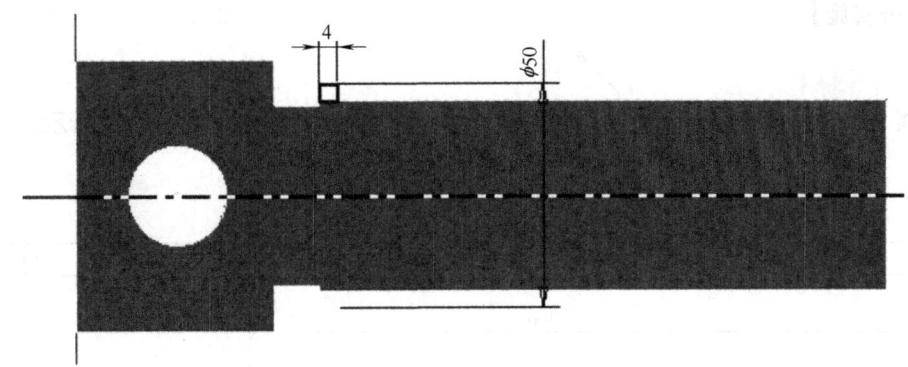

图 6-27

步骤6：单击模型面板上的 螺旋扫掠 按钮，在"螺旋形状"选项卡中，将截面轮廓选择为上一步骤画好的草图，轴选择为衬套的中心轴。在"螺旋规格"选项卡中，将类型选择为"螺距和高度"，设置螺距为"8mm"，高度为"124mm"，螺旋方向为逆时针，完成后的图形如图 6-28 所示。

图 6-28

任务四 转杆的设计

【**任务要求**】 根据如图 6-29 所示的图纸，建立如图 6-30 所示转杆的三维模型。

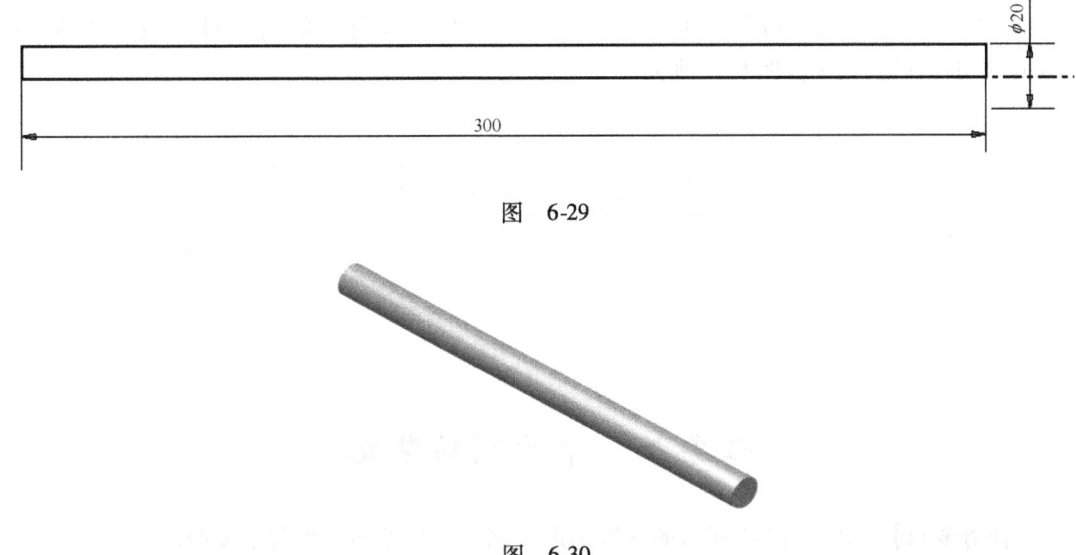

图 6-29

图 6-30

【任务实施】

步骤1：单击模型面板上的 直线 按钮，绘制用于旋转的草图，如图6-31所示。

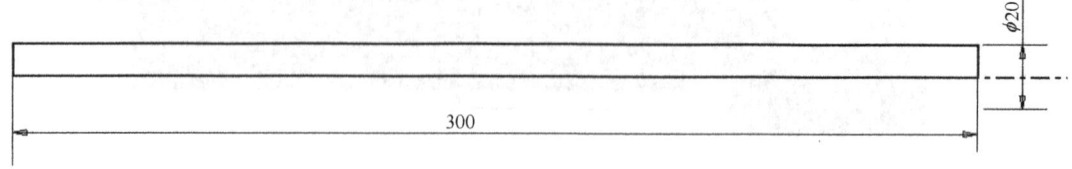

图 6-31

步骤2：单击模型面板上的 旋转 按钮，软件会自动选中上一步骤画好的草图，在范围中选择"全部"，旋转后的图形如图6-32所示。

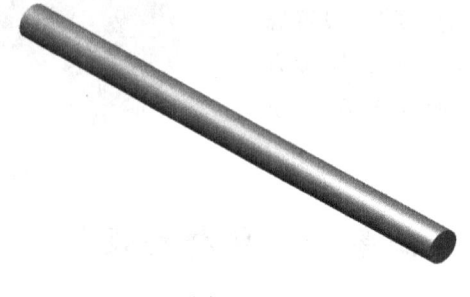

图 6-32

步骤3：单击模型面板上的 倒角 按钮，选中前后两端的交界线，设置倒角为"1mm"；倒角后的效果如图6-33所示。

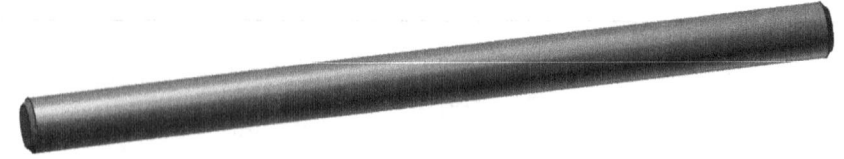

图 6-33

任务五　千斤顶的装配

【任务要求】　根据图6-2所示的三维图形，创建千斤顶的三维装配模型。

【任务实施】

步骤1：新建部件文件。单击"新建文件"选项卡中的部件按钮Standard.iam。

步骤2：单击装配面板上的 放置 按钮，先将底座放置进来（小提示：首先放置进来的实体将会被固定）。

步骤3：再次单击 放置 按钮，将剩余的部件都放置进来。单击装配面板上的 约束 按钮。设置约束类型为 （插入），如图6-34所示设置"放置约束"选项卡，并选择如图6-35所示的两条边。

步骤4：约束后的图形如图6-36所示。

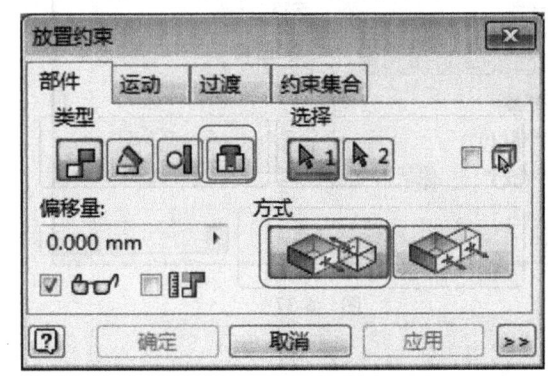

图 6-34

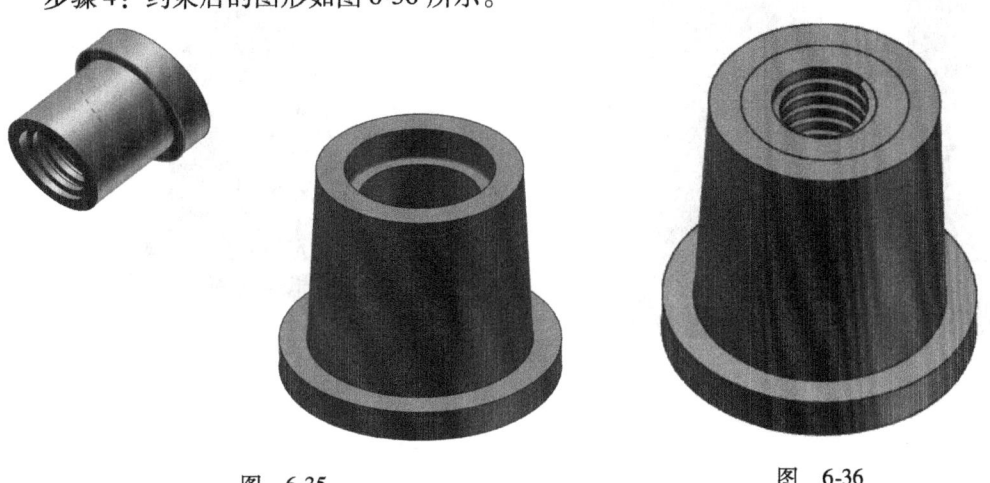

图 6-35　　　　　　　　　　图 6-36

步骤5：单击装配面板上的 约束 按钮。在如图6-37所示的"放置约束"选项卡中，选择约束类型为 （配合），并选择如图6-38所示的两个面，然后选择"过渡"选项卡，将移动面选择为螺纹杆螺旋面的底面，过渡面选择为衬套螺旋面的顶面，如图6-39所示。约束后的图形如图6-40所示。

步骤6：单击装配面板上的 约束 按钮，选择约束类型为 （配合），将转杆和螺纹杆配合起来，完成后的效果如图 6-41 所示。

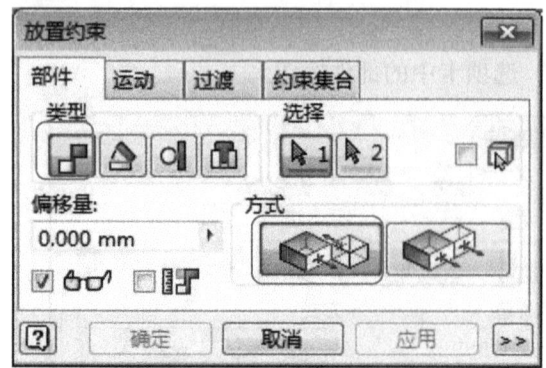

图 6-37

图 6-38

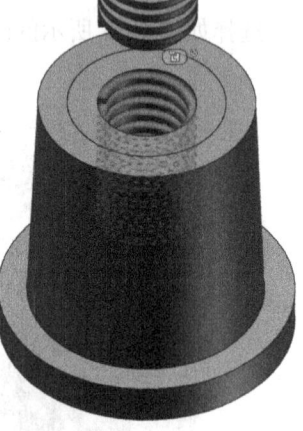

图 6-39

图 6-40

图 6-41

项目二 iPod 的设计

【项目要求】 根据给定的工程图,建立如图 7-1 所示 iPod 的部件模型。

图 7-1

【项目分析】

一、iPod 结构分析

iPod 整体结构如图 7-2 所示。

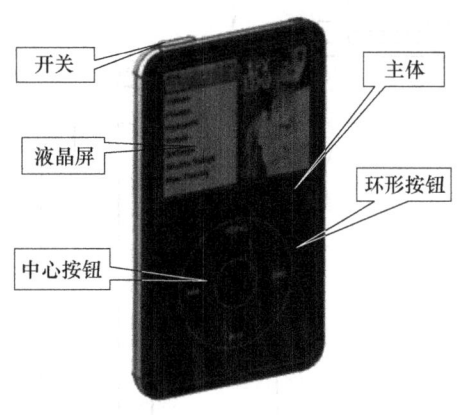

图 7-2

二、部件整体建模分析

采用多实体建模,然后生成零部件的方法进行 iPod 部件整体建模。其建模流程如图 7-3 所示。

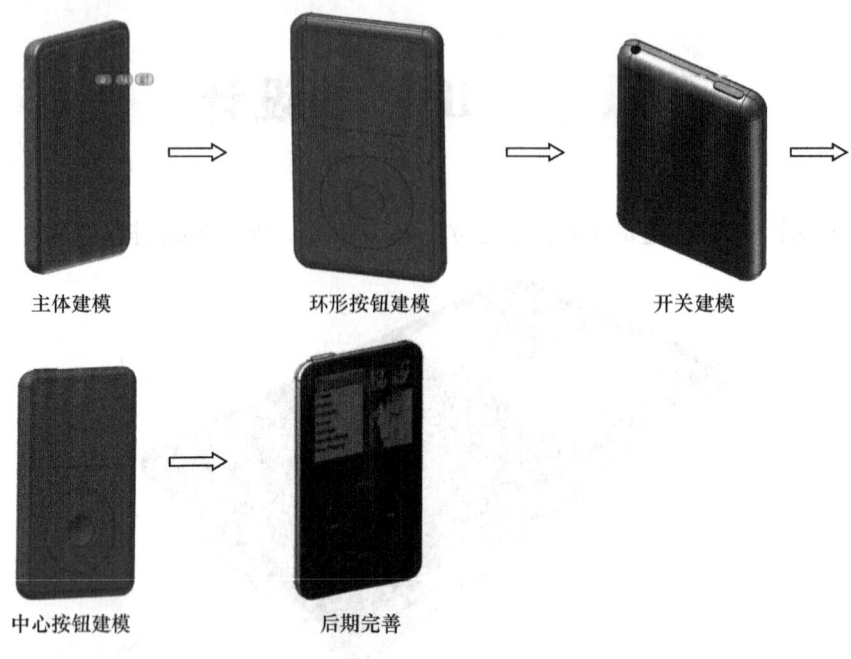

图 7-3

任务一 主体的设计

【任务要求】 根据如图 7-4 和图 7-5 所示的图样，建立主体的三维模型。

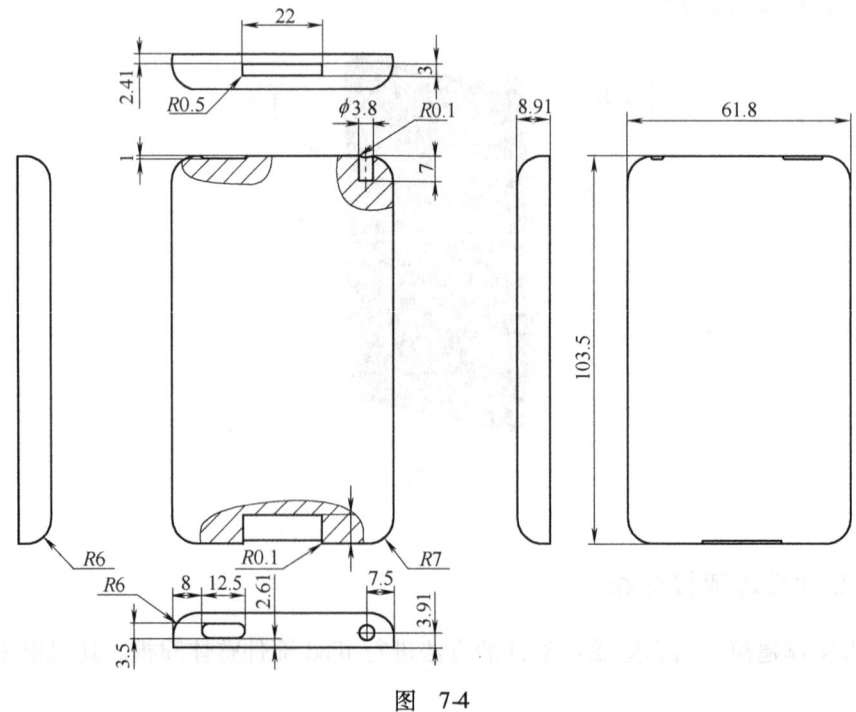

图 7-4

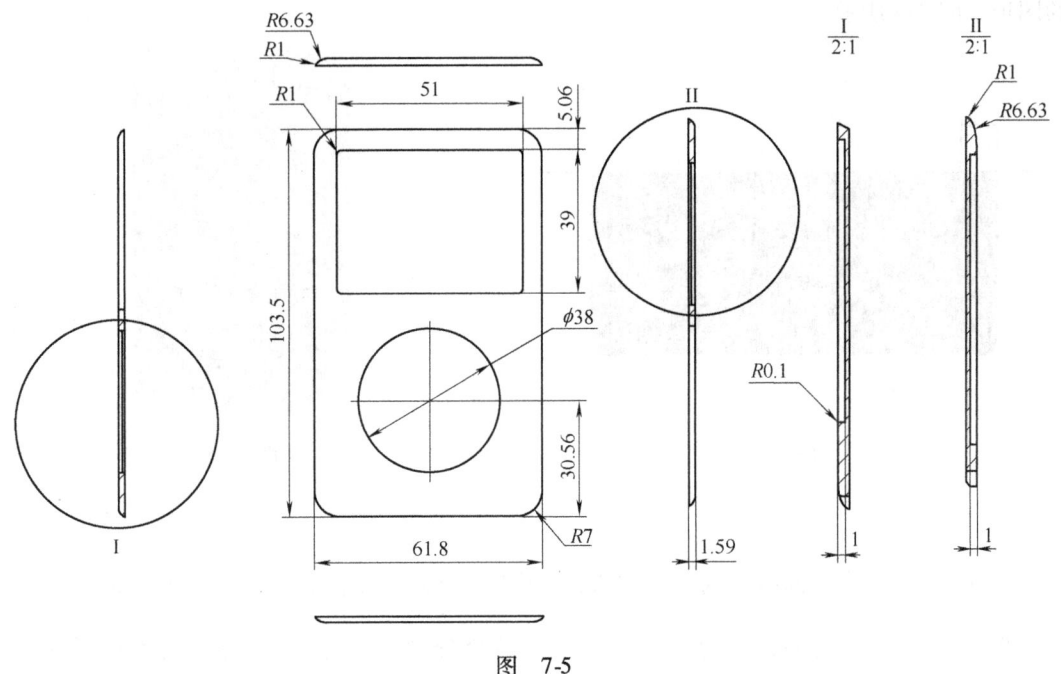

图 7-5

【任务实施】

步骤1：选择"快速入门"命令，单击"启动"面板中的"项目"选项，打开项目编辑器。单击"新建"按钮，弹出"新建项目向导"对话框，选择"新建单用户项目"命令，然后单击"下一步"按钮，在弹出的向导对话框中输入名称"iPod"，并设置项目文件夹的路径。

步骤2：创建用于拉伸的草图，如图7-6 所示。

步骤3：单击模型面板上的 拉伸 按钮，软件会自动选中上一步骤画好的草图，在范围中选择"距离"，设置高度为"10.5（8.91+1.59）mm"。

步骤4：单击模型面板上的 圆角 按钮，参考工程图，在需要的位置创建半径为7mm 的圆角。

步骤5：选中 YZ 平面，创建用于扫掠的截面，如图7-7 所示；选中模型前端面，创建用于扫掠的轨道，如图7-8 所示。

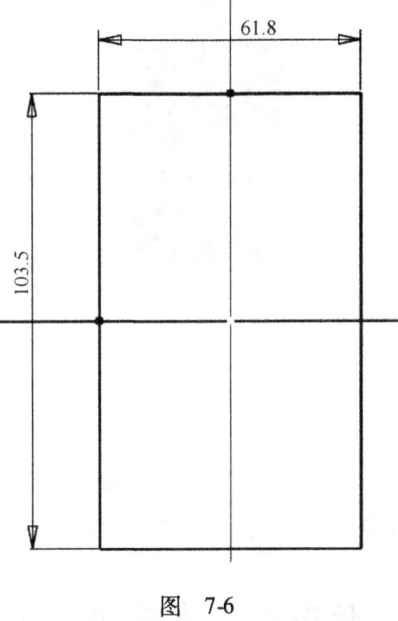

图 7-6

步骤6：单击模型面板上的 扫掠 按钮，选中上一步骤创建的轮廓和轨道。

步骤7：为前端面创建半径为1mm 的圆角，为背面创建半径为7mm 的圆角，完成后的图形如图 7-9 所示。

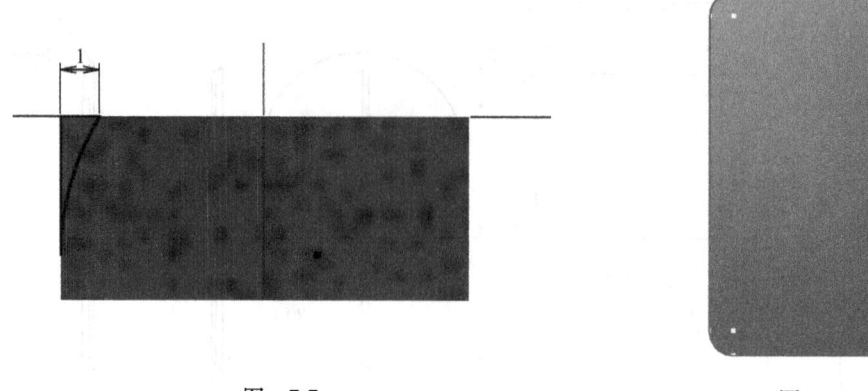

图 7-7　　　　　　　　　　　　　　　图 7-8

步骤 8：单击模型面板上的 ![平面] 按钮，选中图 7-9 所示平面，向后偏移 1.59mm。

步骤 9：单击模型面板上的 ![分割] 按钮，选择分割方式为 ![分割实体]（分割实体），分割工具选中上一步骤创建的平面，实体为之前创建的实体，如图 7-10 所示。

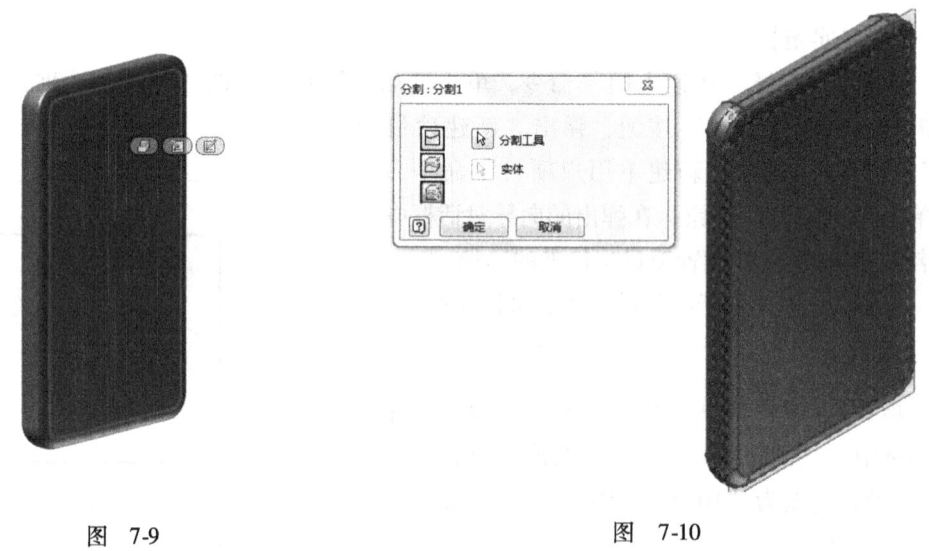

图 7-9　　　　　　　　　　　　　　　图 7-10

步骤 10：现在，在模型浏览器中出现了两个实体，分别为它们命名为"基体"和"前盖"。经仔细检查之后，保存实体，文件名为"主体"。

任务二　液晶屏、环形按钮、中心按钮和开关的创建

【任务要求】 根据如图 7-11 ~ 图 7-14 所示的图样，建立三维模型。

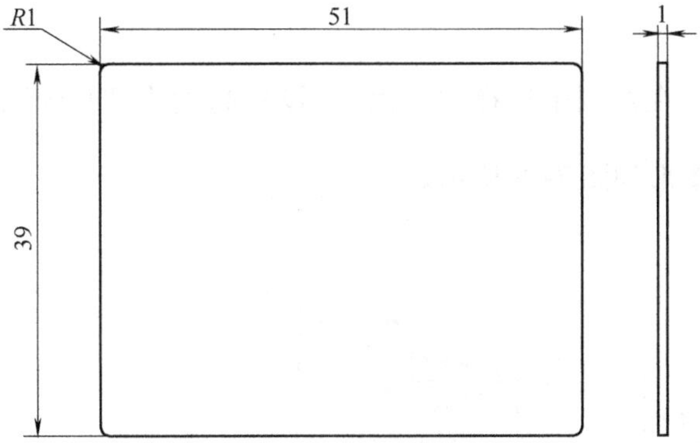

图 7-11

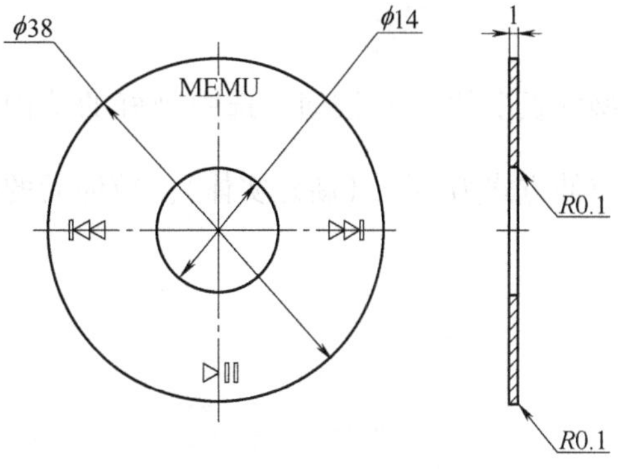

图 7-12

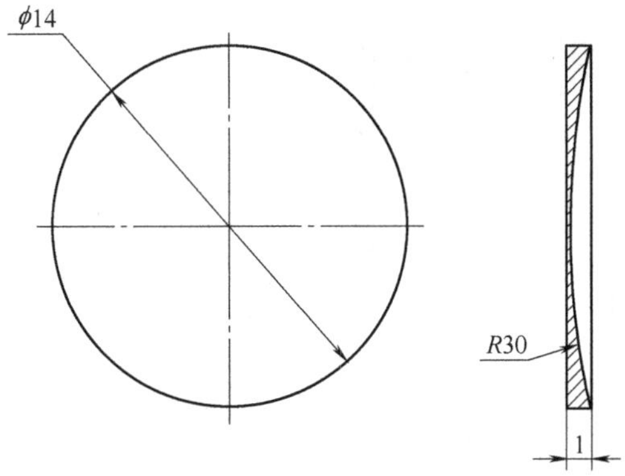

图 7-13

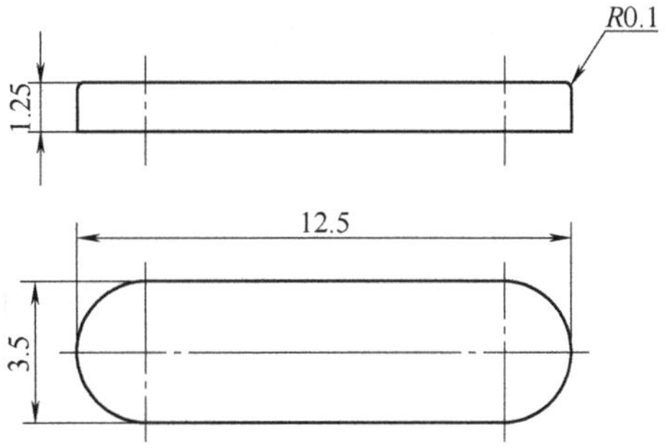

图 7-14

【任务实施】

步骤1：选中图7-9所示平面，创建用于拉伸的草图，如图7-15所示。

步骤2：单击模型面板上的 拉伸 按钮，选中上一步骤画好的草图，在范围中选择"距离"，设置高度为"1mm"；实体选中为前盖，设置拉伸方式为 ■（求差），如图7-16所示。

步骤3：单击模型面板上的 圆角 按钮，参考工程图，在需要的位置创建半径为1mm的圆角。

步骤4：选中图7-17所示的平面，创建用于拉伸的草图；单击模

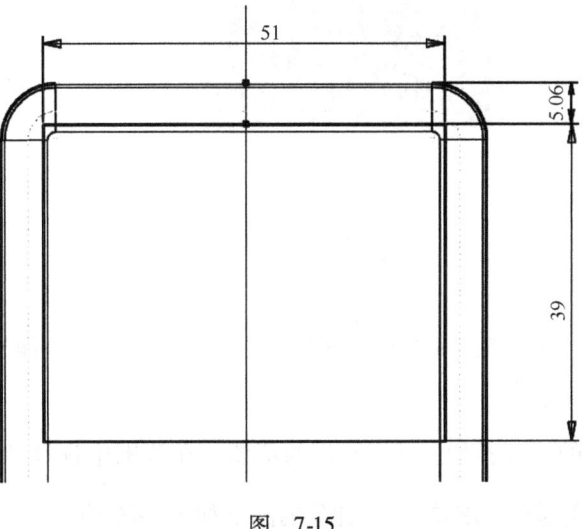

图 7-15

型面板上的 拉伸 按钮，选中画好的草图，在范围中选择"距离"，设置高度为"1mm"，拉伸方式为 ![] （新建实体）。拉伸后的图形如图7-18所示。

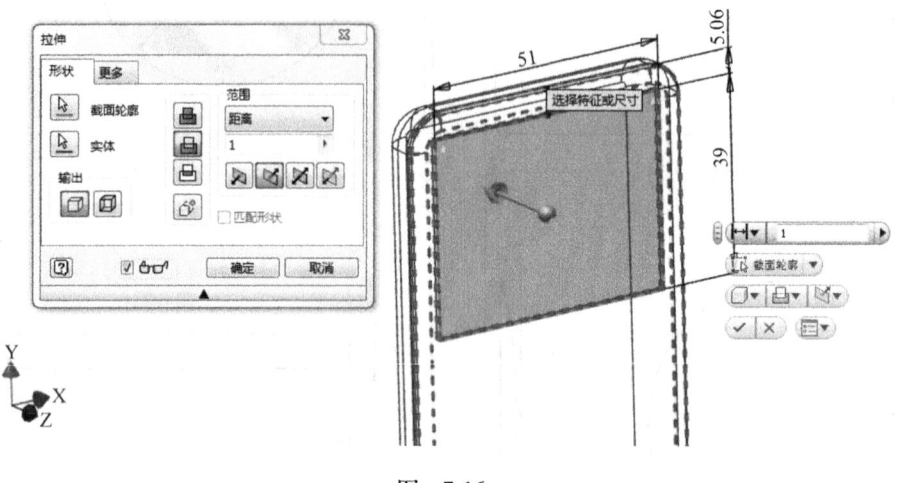

图 7-16

图 7-17

图 7-18

步骤5：选中图7-18所示平面，创建用于拉伸的草图，如图7-19所示，单击模型面板上的 拉伸 按钮，选中画好的草图，在范围中选择"距离"，设置距离为"1mm"，拉伸方式为 ![] （求差）。拉伸后的图形如图7-20所示。

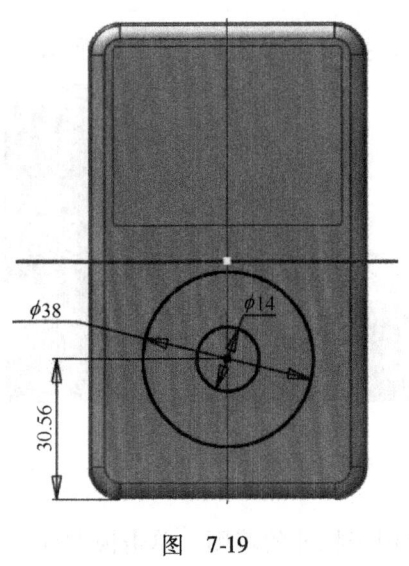
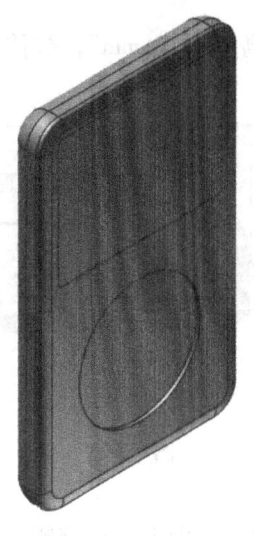

图 7-19　　　　　　　　　　　　　　图 7-20

步骤6：选中上一步骤绘制的草图，单击鼠标右键选择"共享草图"命令，如图7-21所示。

步骤7：单击模型面板上的 拉伸 按钮，选中上一步骤共享的草图，分别创建环形按钮和中心按钮。在范围中选择"距离"，设置高度为"1mm"，拉伸方式为 （新建实体）。拉伸后的图形如图7-22所示。

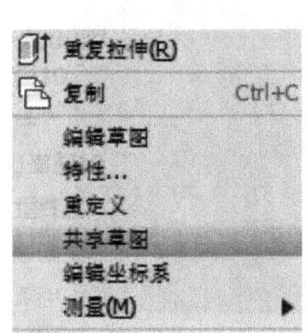
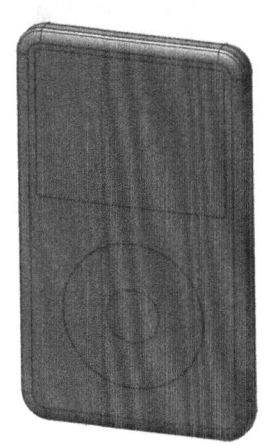

图 7-21　　　　　　　　　　　　　　图 7-22

步骤8：选中上顶面，创建用于拉伸的草图，如图7-23所示。

步骤9：单击模型面板上的 拉伸 按钮，选中上一步骤画好的草图，在范围中选择"距离"，设置高度为"1mm"，拉伸方式为 （求差）。拉伸后的图形如图 7-24 所示。

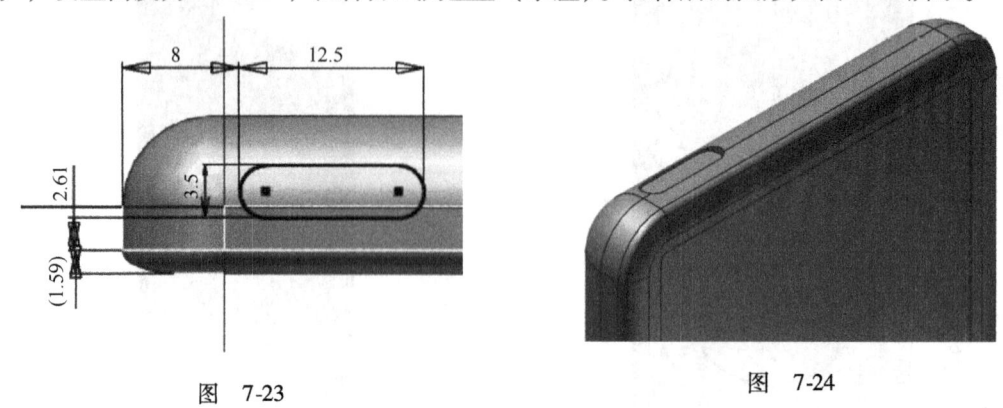

图 7-23　　　　　　　　　　　　　图 7-24

步骤 10：选中上一步骤删减出来的平面，创建用于拉伸的草图。单击模型面板上的 拉伸 按钮，选中画好的草图，在范围中选择"距离"，设置高度为"1.25mm"，拉伸方式为 （新建实体），如图 7-25 所示。

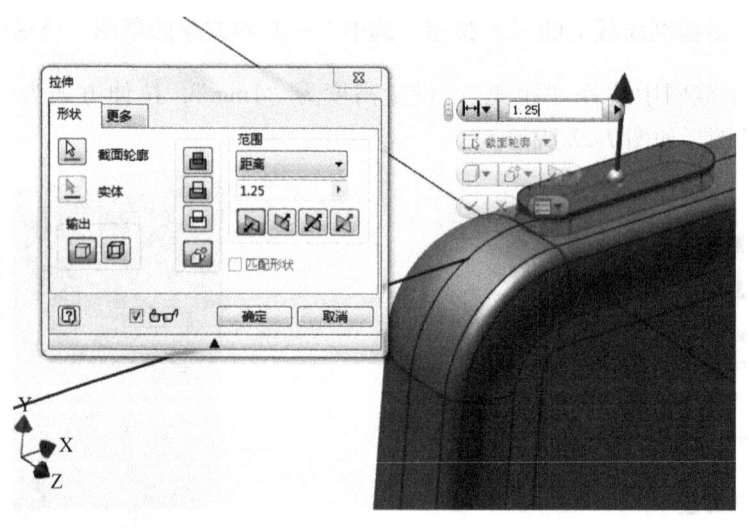

图 7-25

步骤 11：至此，所有零部件都已经创建完毕，保存文件。

任务三　细节的设计

【任务要求】根据任务一和任务二的图样，对 iPod 进行细节设计。

【任务实施】

步骤1：选中上顶面创建用于拉伸的草图，如图7-26所示。

步骤2：单击模型面板上的 拉伸 按钮，选中上一步骤画好的草图，在范围中选择"距离"，设置高度为"7mm"，拉伸方式为 （求差）。拉伸后的图形如图7-27所示。

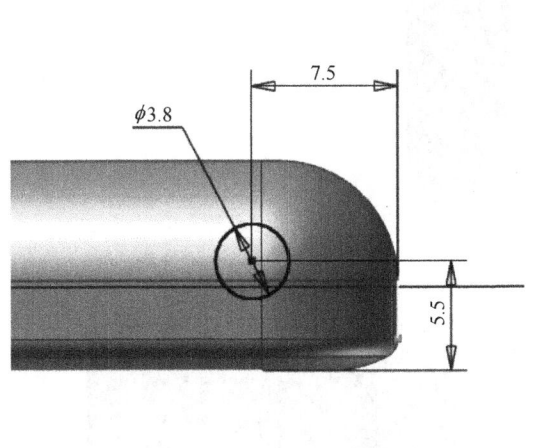

图　7-26

图　7-27

步骤3：选中下底面，创建用于拉伸的草图，如图7-28所示。单击模型面板上的 拉伸 按钮，选中上一步骤画好的草图，在范围中选择"距离"，设置距离为"7mm"，拉伸方式为 （求差）。

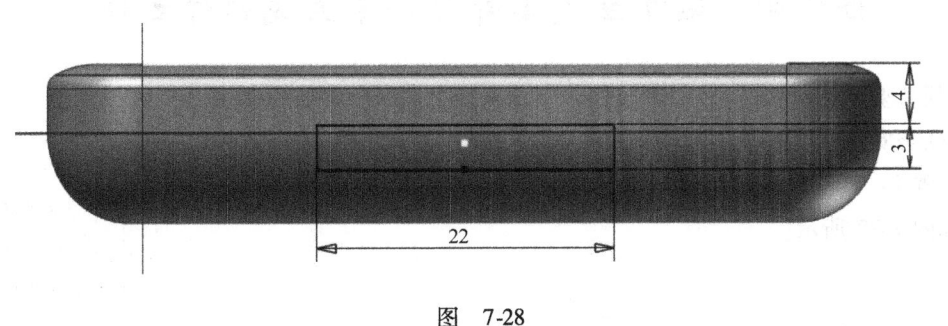

图　7-28

步骤4：选中YZ平面，创建用于旋转的草图，如图7-29所示。

步骤5：单击模型面板上的 按钮，选中上一步骤画好的草图，旋转方式选择为 ⬜（求差），范围选择为"全部"，实体选择为中心按钮，旋转后的图形如图7-30所示。

步骤6：创建用于凸雕的草图。单击模型面板上的 凸雕 按钮，实体选择为环形按钮。完成后的图形如图7-31所示。

步骤7：可再进行细节设计，如贴图和其他凸雕，完成后检查并保存文件。

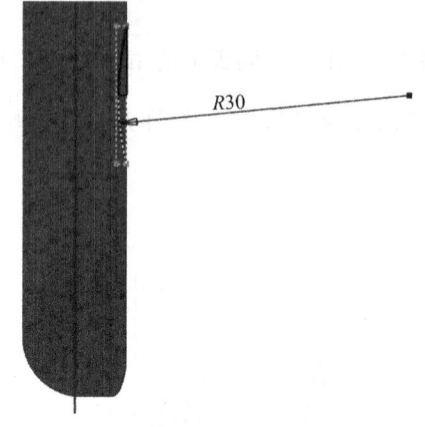

图 7-29

图 7-30

图 7-31

任务四　运用生成零部件命令生成部件文件

【任务要求】　将单一的IPT文件分离开来，生成多个单独的文件。

【任务实施】

步骤1：将左侧模型浏览器中的文件，按照实体的名称进行重命名，如图7-32所示。

步骤2：单击管理面板上的 生成零部件 按钮，选中浏览器中的所有文件，设置部件名称为"iPod"，如图7-33所示。

步骤3：单击"下一步"按钮后，再单击"确定"按钮，软件会自动生成零件和部件，如图7-34所示。

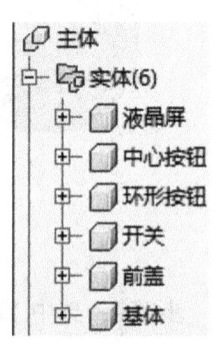

图 7-32

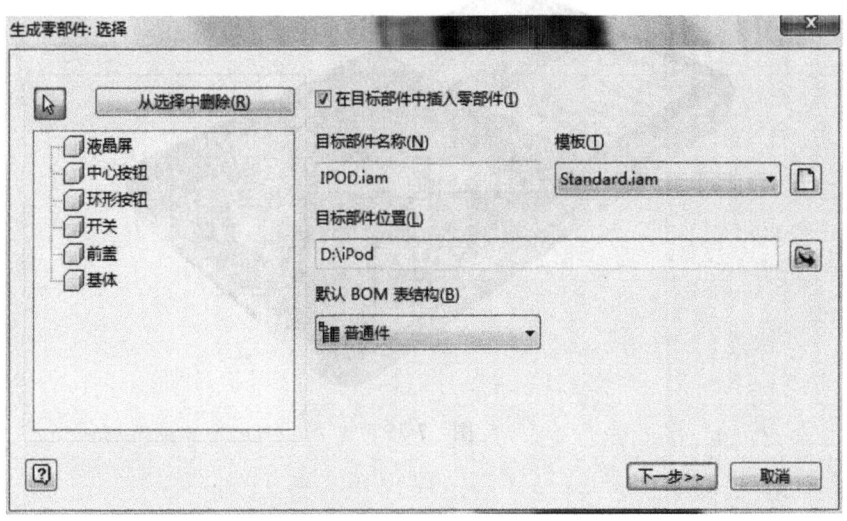

图 7-33

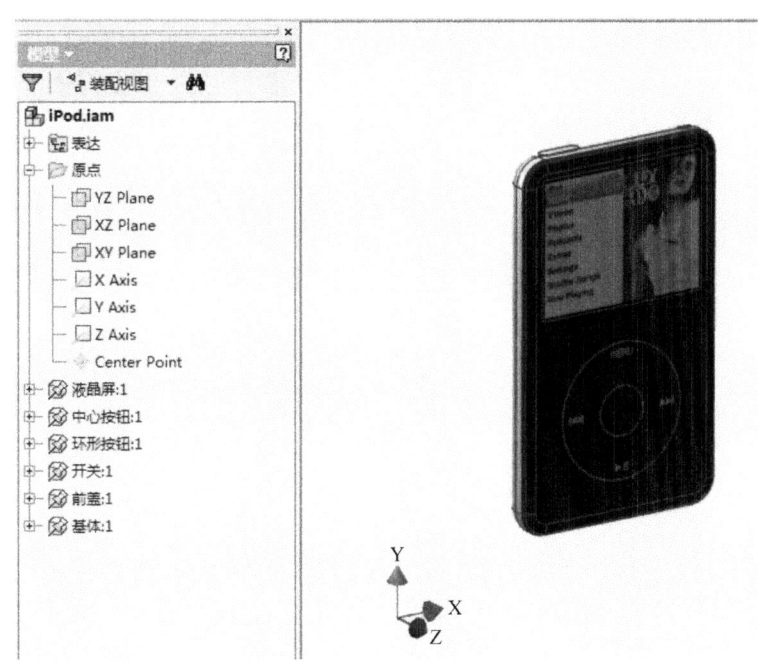

图 7-34

步骤 4：这个时候，部件文件其实还没有保存，所以应尽快保存。选中 所有均是 按钮，单击保存。

步骤 5：至此，运用多实体建模的 iPod 已经制作完成，效果如图 7-35 所示。

图 7-35

项目三 电热壶的设计

【项目要求】 根据给定的电热壶工程图，建立如图 8-1 所示电热壶的部件模型。

图 8-1

【项目分析】

一、电热壶结构分析

电热壶整体结构如图 8-2 所示。

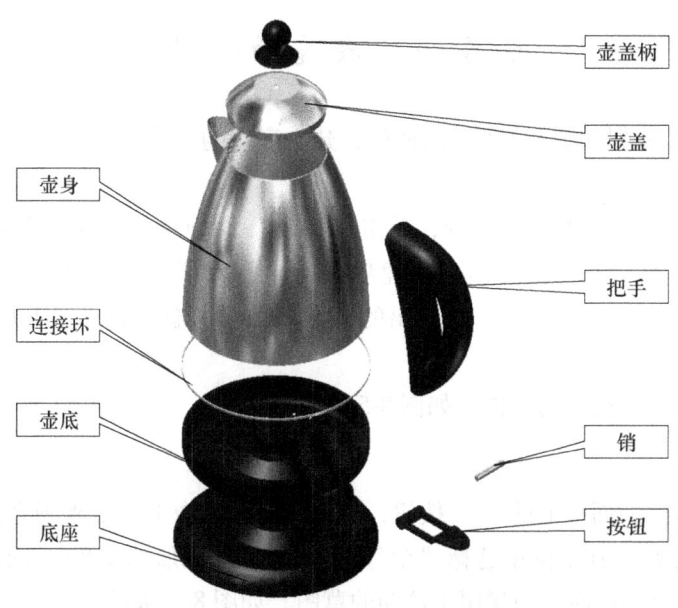

图 8-2

二、部件整体建模分析

采用单独零件建模,然后进行部件装配的方法进行部件整体建模,其装配建模流程如图 8-3 所示。

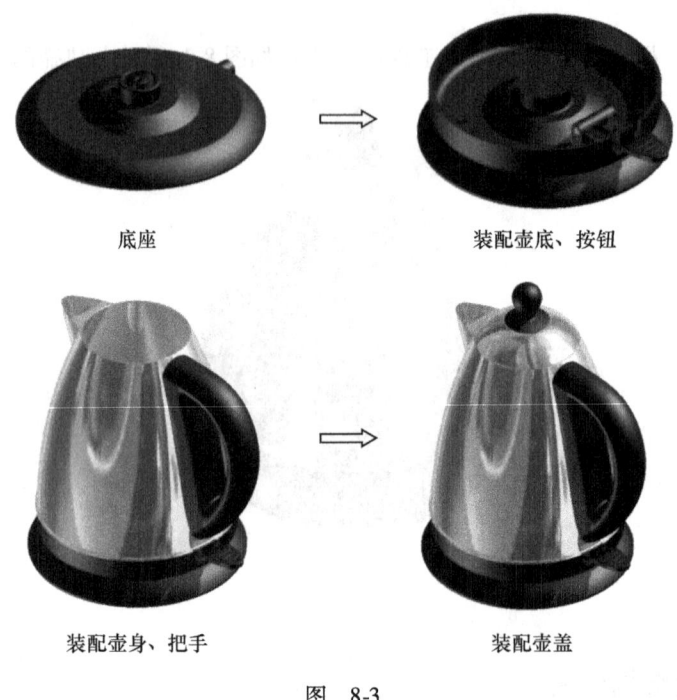

图　8-3

任务一　底座的设计

【任务要求】　根据如图 8-4 所示的图样,建立底座的三维模型。

【任务实施】

步骤1:选择"快速入门"命令,单击"启动"面板中的"项目"选项,打开项目编辑器。单击"新建"按钮,弹出"新建项目向导"对话框,选择"新建单用户项目"命令,然后单击"下一步"按钮,在弹出的向导对话框中输入名称"电热壶",并设置项目文件夹的路径。

步骤2:创建用于旋转的草图,如图 8-5 所示。

步骤3:单击模型面板上的 旋转 按钮,软件会自动选中上一步骤画好的草图,旋转轴选择为草图的中心线,在范围中选择"全部",旋转后的图形如图 8-6 所示。

步骤4:选择 XY 平面,创建用于拉伸的草图,如图 8-7 所示。

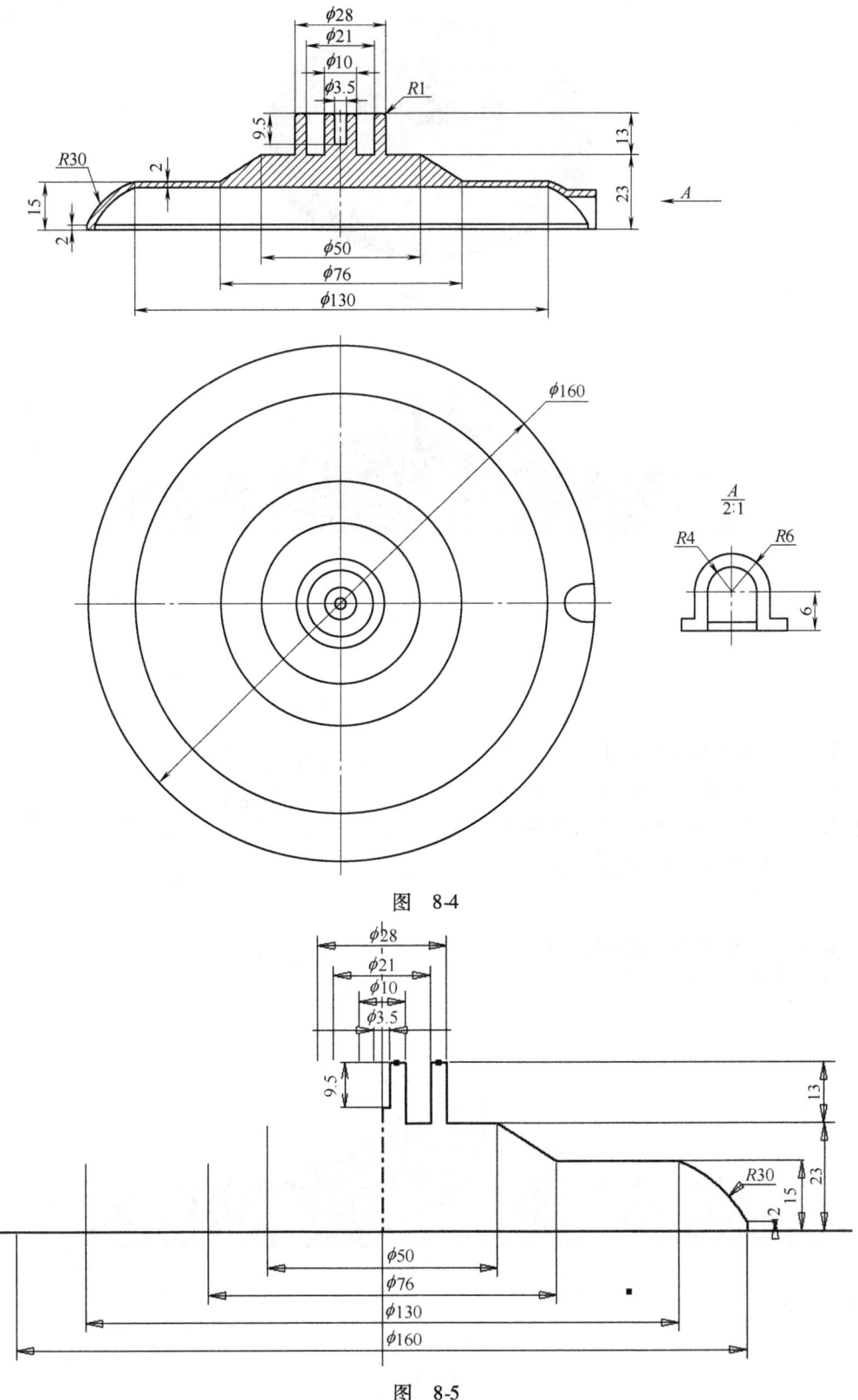

图 8-4

图 8-5

图 8-6

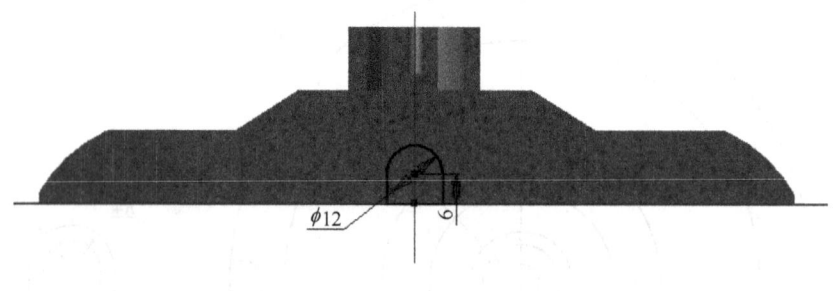

图 8-7

步骤5：单击模型面板上的 拉伸 按钮，选中上一步骤画好的草图，在范围中选择"到"，选择最大的圆柱表面，如图8-8所示；拉伸方式选择为 ◉（求并）。

步骤6：选择模型树中的 XY 平面，绘制如图8-9所示的草图。

图 8-8

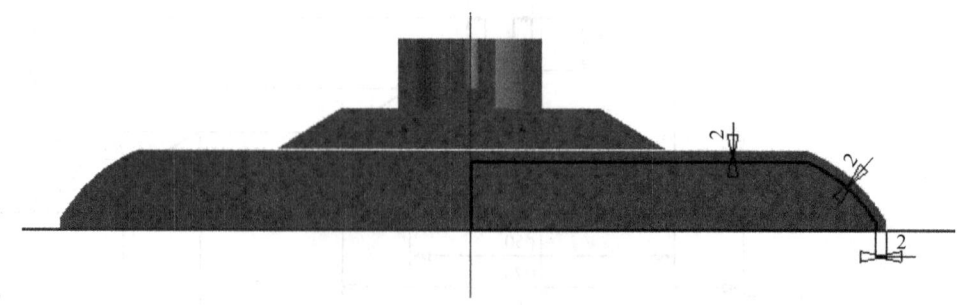

图 8-9

步骤7：单击模型面板上的 旋转 按钮，软件会自动选中上一步骤画好的草图，旋转轴选择为草图的中心线，在范围中选择"全部"；拉伸方式选择为 ▣（求差）。旋转后的图形如图8-10所示。

步骤8：选择模型树中的XY平面，绘制如图8-11所示的草图。

图 8-10

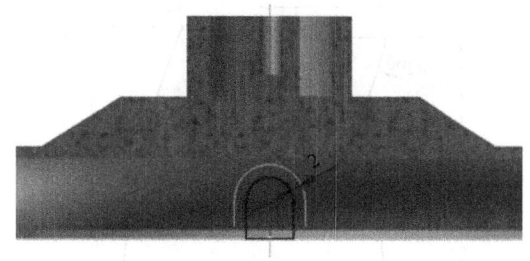

图 8-11

步骤9：单击模型面板上的 拉伸 按钮，选中上一步骤画好的草图，在范围中选择"贯通"；拉伸方式选择为 ▣（求差），拉伸后的图形如图8-12所示。

步骤10：单击模型面板上的 圆角 按钮，参考工程图，创建半径为1mm的圆角，完成后的图形如图8-13所示。

图 8-12

图 8-13

步骤11：经仔细检查之后，保存文件，文件名为底座。

任务二　壶身的设计

【任务要求】　根据如图8-14所示的图样，建立壶身的三维模型。

【任务实施】

步骤1：创建用于旋转的草图，如图8-15所示。

步骤 2：单击模型面板上的  旋转 按钮，软件会自动选中上一步骤画好的草图，旋转轴选择为草图的中心线，在范围中选择"全部"，旋转后的图形如图 8-16 所示。

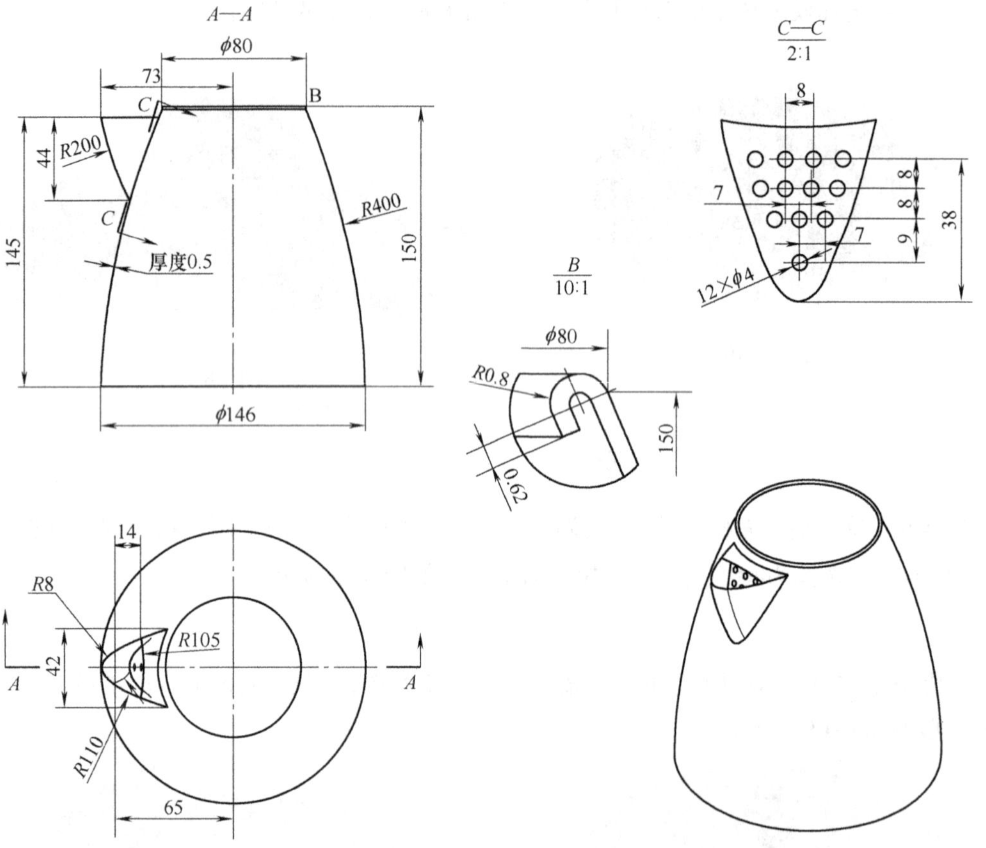

图 8-14

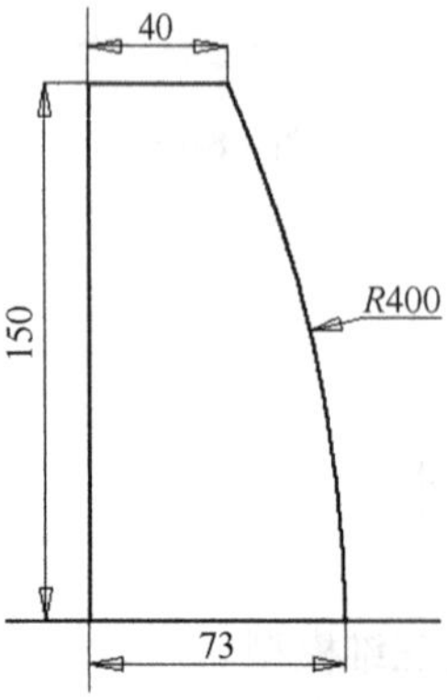

图 8-15

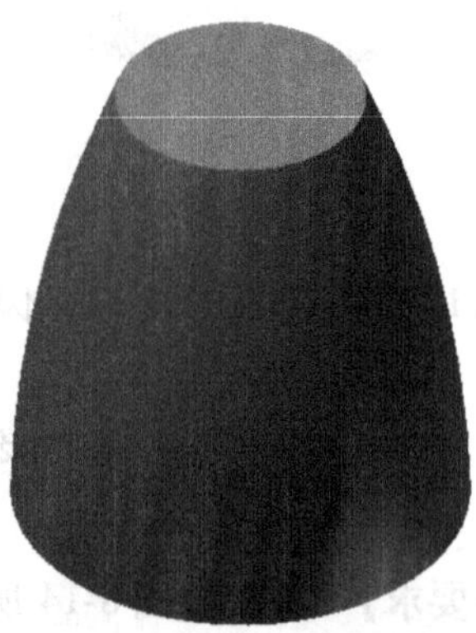

图 8-16

步骤3：单击模型面板上的 抽壳 按钮，选择上表面（图8-17a），选择 (向内)，设置厚度为"0.5mm"，完成后的效果如图8-17b所示。

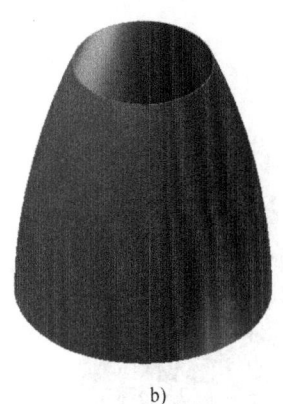

a)　　　　　　　　　　　　　　　b)

图　8-17

步骤4：选择XY平面，绘制如图8-18所示的草图。

步骤5：单击模型面板上的 旋转 按钮，软件会自动选中上一步骤画好的草图，在范围中选择"全部"；拉伸方式选择为 (求并)。旋转后的图形如图8-19所示。

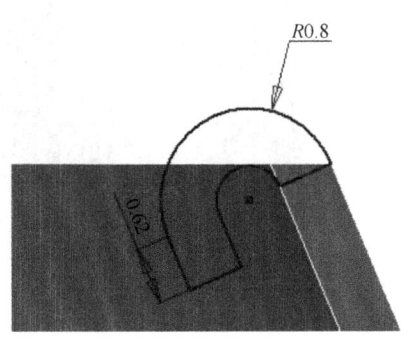

图　8-18

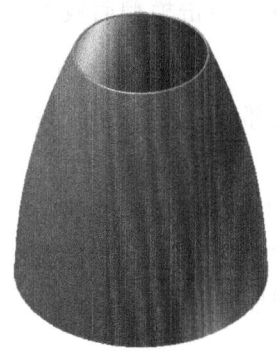

图　8-19

步骤6：单击工作平面按钮 平面，选择模型树中的XZ平面，往上拖曳平面，编辑尺寸为185mm，创建工作平面，如图8-20a所示。在这个工作平面的中心位置创建用于拉伸的草图，如图8-20b所示。

步骤7：选择模型树中的XY平面，绘制如图8-21所示的草图。

步骤8：单击模型面板上的 扫掠 按钮，输出选择 (曲面)，截面轮廓选择步骤6绘制的草图，路径选择步骤7绘制的草图，方向选择路径。完成后的效果如图8-22所示。

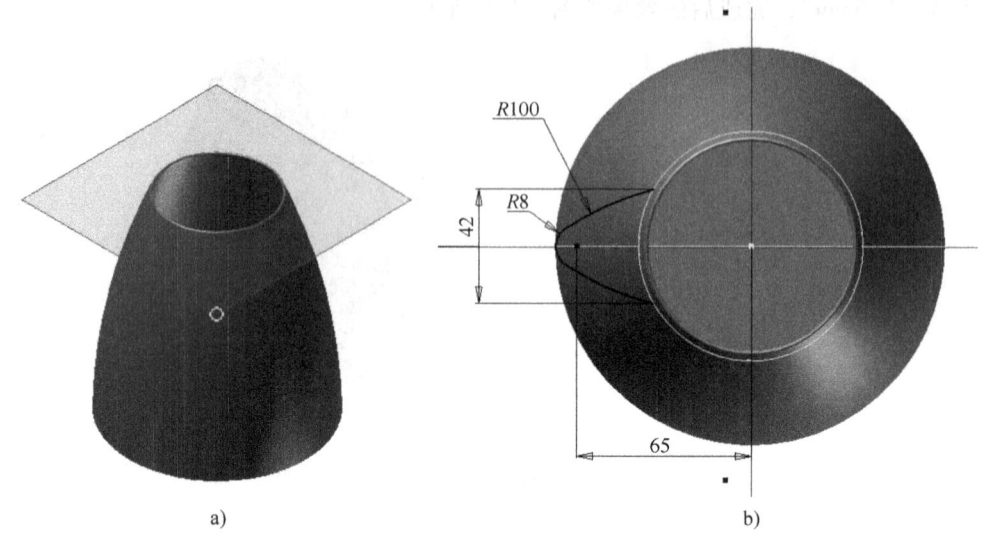

图 8-20

步骤9：单击模型面板上的 加厚/偏移 按钮，选择壶身的外表面，设置距离为"0mm"，生成曲面，如图8-23所示。

步骤10：单击模型面板上的修剪曲面按钮，剪切工具选择壶身表面，删除选择扫掠曲面在壶内的部分，如图8-24所示，完成曲面的修剪。

步骤11：单击模型面板上的 加厚/偏移 按钮，选择修剪后的曲面，设置距离为"0.5mm"。完成后的图形如图8-25所示。

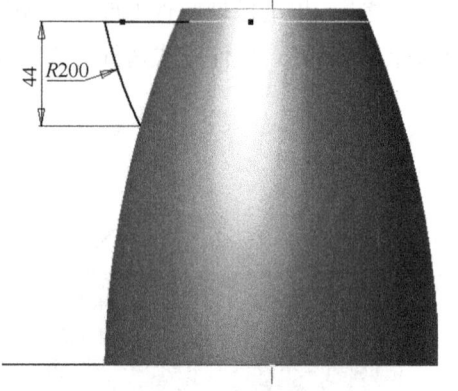

图 8-21

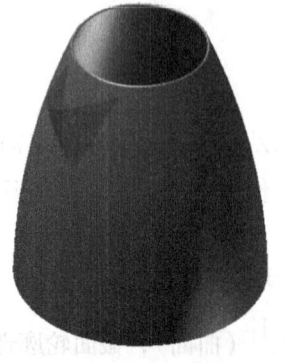

图 8-22

图 8-23

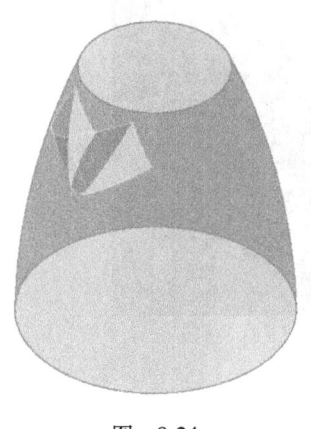
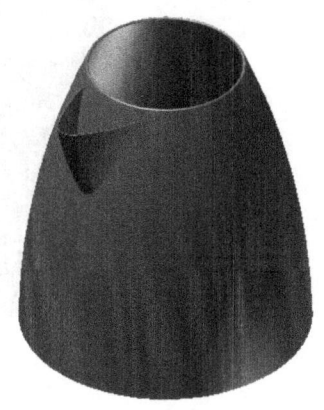

图 8-24　　　　　　　　　　　　　　图 8-25

步骤12：选择步骤6创建的工作平面，将上表面的图形进行投影，绘制如图8-26所示的草图。

步骤13：单击模型面板上的 拉伸 按钮，截面轮廓选择上一步骤画好的草图，在范围中选择距离并设置为"0.5mm"，拉伸方式选择为 (求并)。拉伸后的图形如图8-27所示。

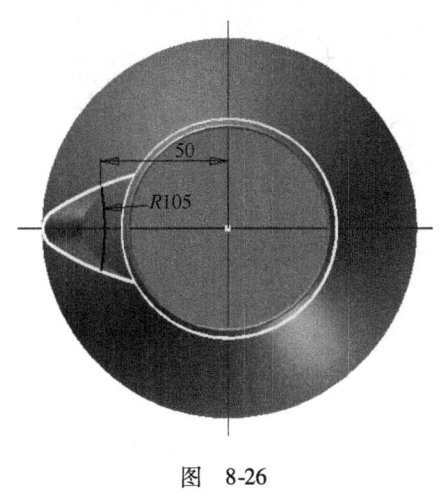
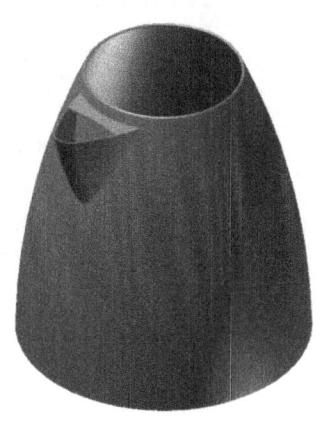

图 8-26　　　　　　　　　　　　　　图 8-27

步骤14：单击工作平面按钮 平面 ，选弧面中点，如图8-28a所示，再选择壶身表面，创建工作平面，如图8-28b所示。

步骤15：在工作平面上绘制如图8-29所示的草图。

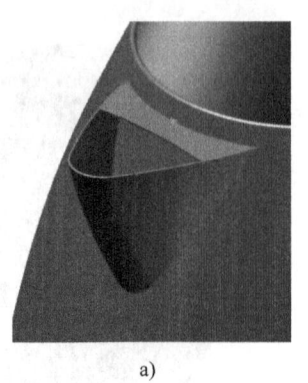
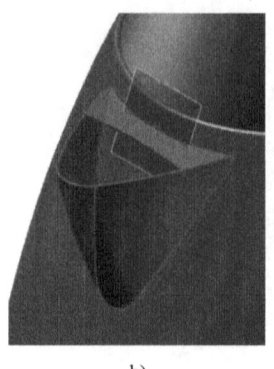

a)   b)

图 8-28

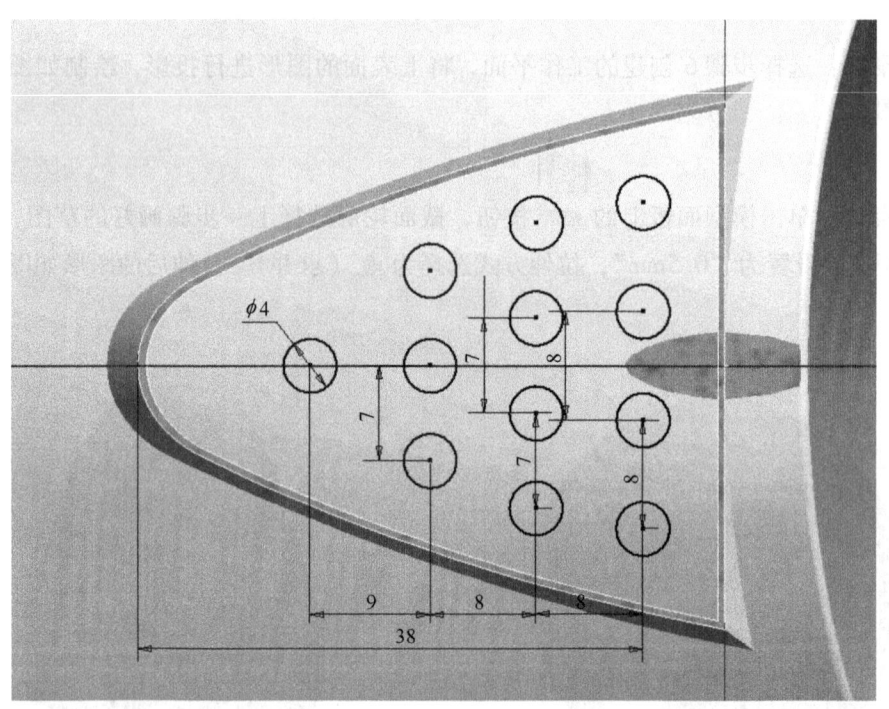

图 8-29

步骤16：单击模型面板上的 拉伸 按钮，选中草图中最上面的圆，在范围中选择距离并设置为"5mm"；拉伸方式选择为 （求差）。拉伸后的图形如图8-30所示。

步骤17：单击模型面板上的矩形阵列按钮，特征选择为上一步的拉伸特征，方向1选择原始坐标系的XY平面，设置 为4个、 为8mm，完成圆孔的阵列，如图8-31所示。

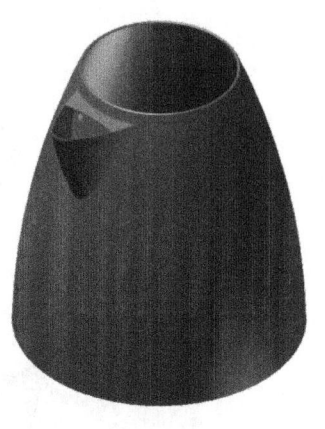
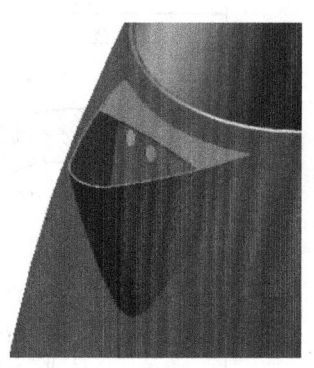

图 8-30　　　　　　　　　　　　　　　图 8-31

步骤18：在模型树中选择步骤15绘制的草图，单击鼠标右键，共享草图。单击模型面板上的 拉伸按钮，选中草图中从上往下数的第二个圆，在范围中选择距离并设置为"5mm"；拉伸方式选择为（求差）。

步骤19：单击模型面板上的矩形阵列按钮，特征选择为上一步的拉伸特征，方向1选择原始坐标系的XY平面，设置 为4个、 为7mm，完成圆孔的阵列，如图8-32所示。

步骤20：用同样的方法，完成第三排圆孔。拉伸完成最下面的圆孔，完成后的效果如图8-33所示。

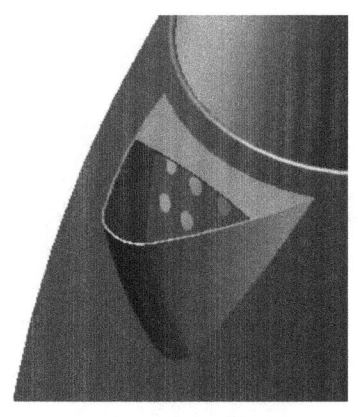

图 8-32　　　　　　　　　　　　　　　图 8-33

步骤21：经仔细检查之后，保存文件，文件名为壶身。

任务三　把手的设计

【任务要求】　根据如图8-34所示的图样，建立把手的三维模型。

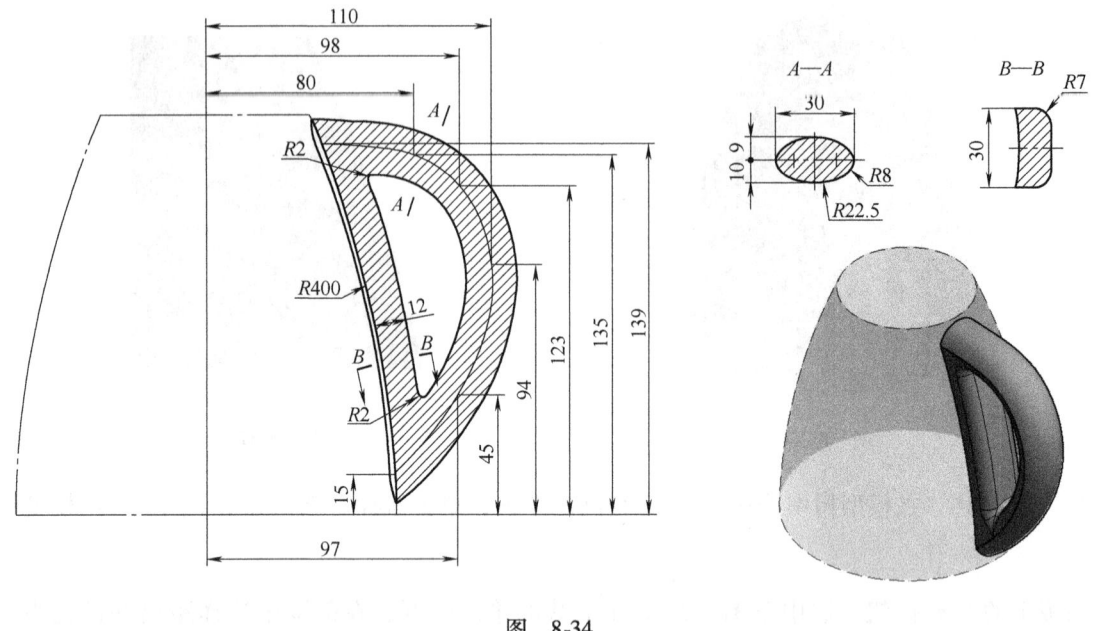

图 8-34

【任务实施】

步骤1：创建用于旋转曲面的草图，如图8-35所示。

步骤2：单击模型面板上的 旋转 按钮，软件会自动判断输出为曲面，截面轮廓选择 $R400$ mm的圆弧，旋转轴选择中心线，范围选择为"全部"，生成如图8-36所示曲面。

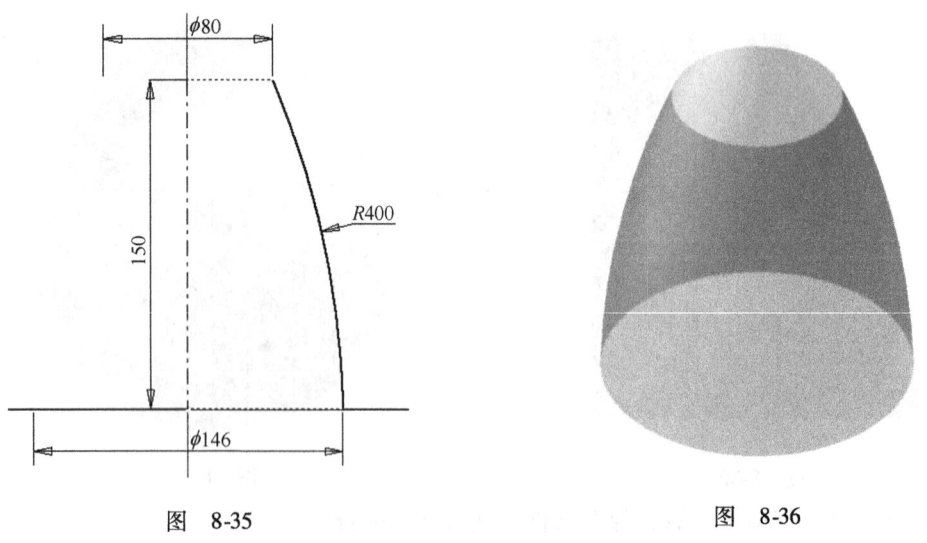

图 8-35　　　　　　　　　　　　　　图 8-36

步骤3：选择模型树中XY平面，用样条曲线绘制如图8-37所示的草图。

步骤4：单击工作平面按钮 平面 ，选择上一步绘制的样条曲线和上面的端点，创建工作平面。在这个工作平面上创建用于拉伸的草图,如图8-38所示。

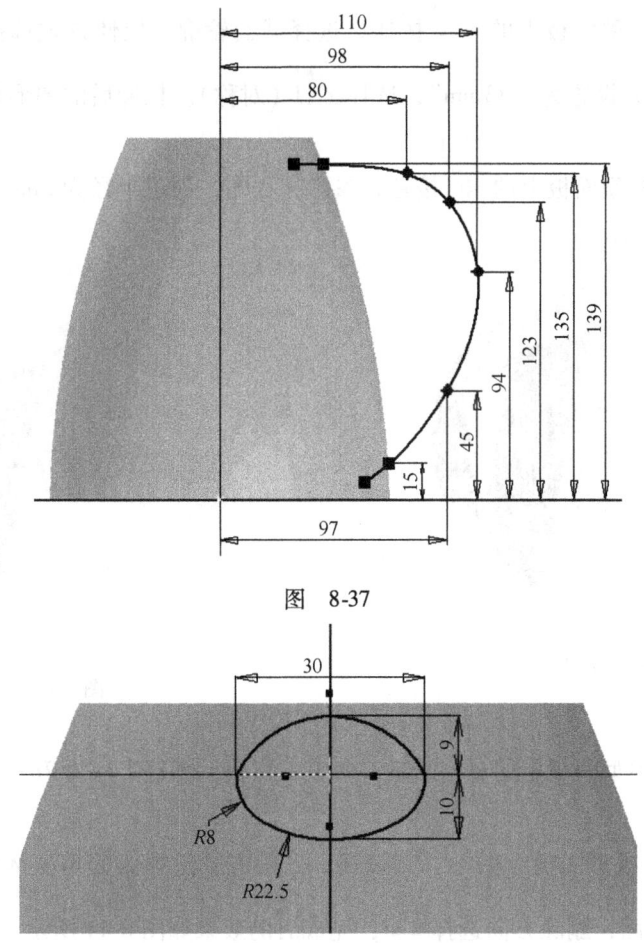

图 8-37

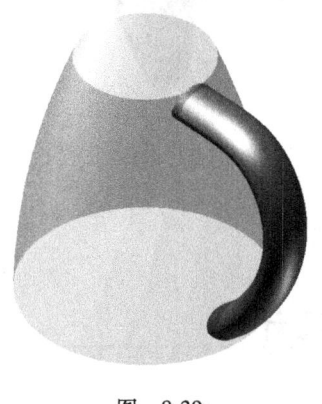

图 8-38

步骤5:单击模型面板上的 按钮,软件自动选择截面轮廓和路径,在方向中选择路径。完成后的图形如图8-39所示。

步骤6:选择模型树中XY平面,绘制如图8-40所示的草图。

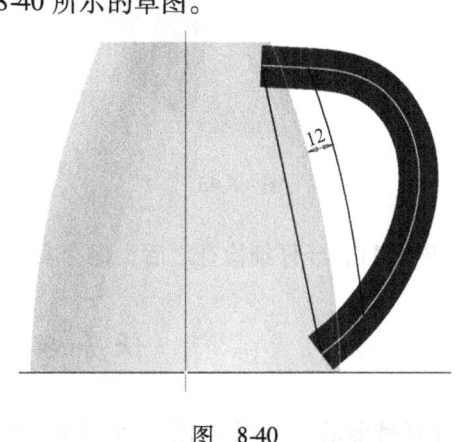

图 8-39   图 8-40

步骤7：单击模型面板上的 拉伸 按钮，选择截面轮廓，拉伸方式选择为 (求并)。在范围中选择距离并设置为"83mm"，选择 (对称)。拉伸后的图形如图8-41所示。

步骤8：单击模型面板上的 圆角 按钮，参考工程图，创建半径为2mm的圆角。完成后的图形如图8-42所示。

图 8-41

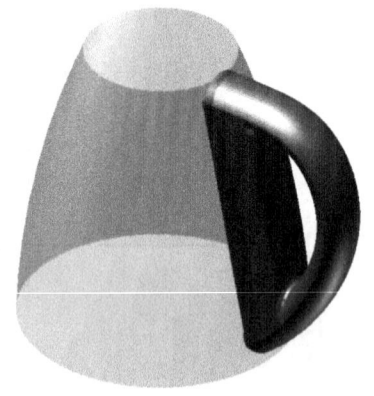
图 8-42

步骤9：单击模型面板上的 圆角 按钮，参考工程图，创建半径为7mm的圆角，如图8-43所示。

步骤10：单击模型面板上的 分割 按钮，分割方式选择为修剪实体 ，分割工具选择步骤2创建的曲面，删除方向选择 ，完成后的效果如图8-44所示。

图 8-43

图 8-44

步骤11：经仔细检查之后，保存实体，文件名为把手。

任务四　壶底的设计

【任务要求】　根据如图8-45所示的图样，建立壶底的三维模型。

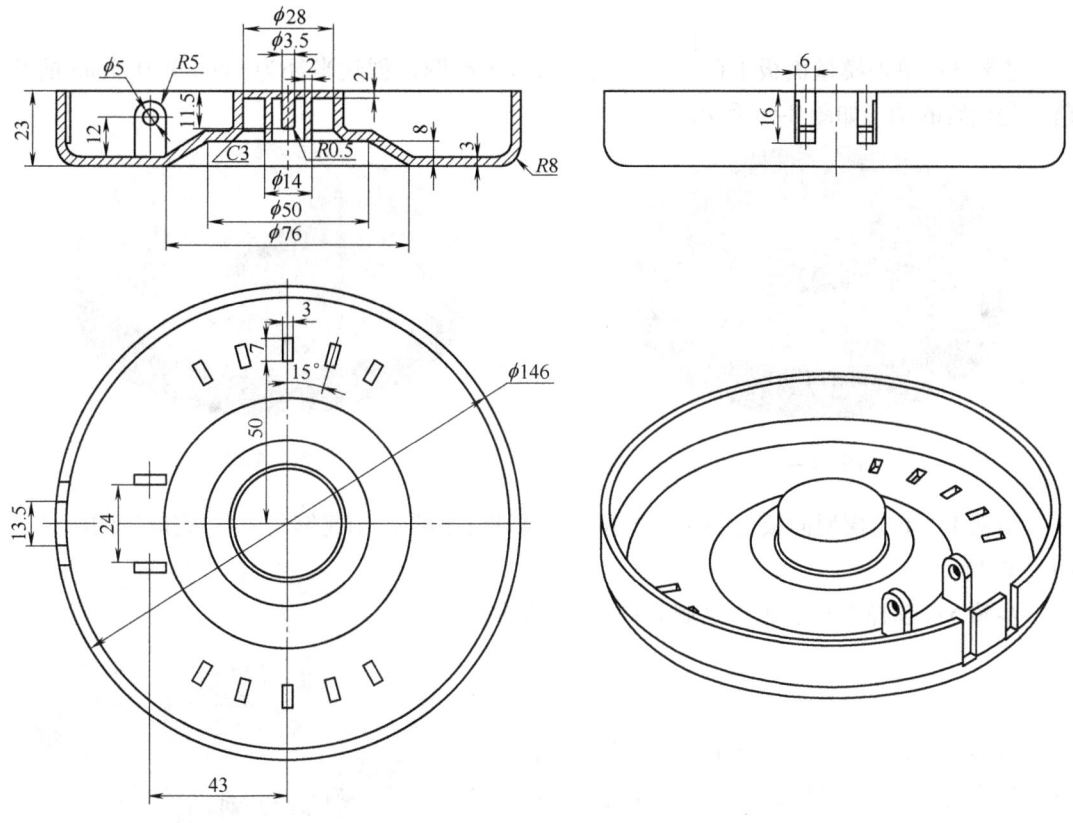

图 8-45

【任务实施】

步骤1：创建用于旋转曲面的草图，如图 8-46 所示。

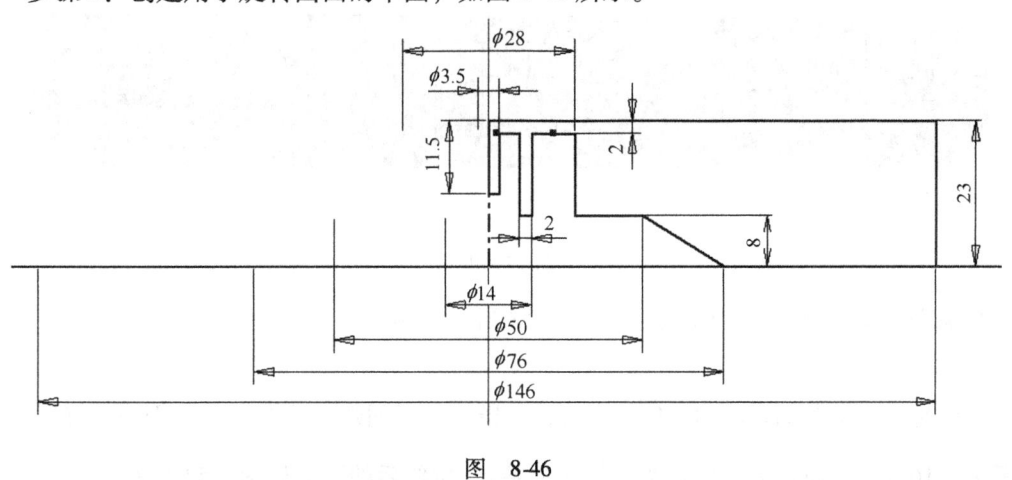

图 8-46

步骤2：单击模型面板上的 旋转 按钮，软件会自动选中上一步骤画好的草图，旋转轴选择草图的中心线；在范围中选择"全部"，旋转后的图形如图 8-47 所示。

步骤3：单击模型面板上的 圆角 按钮，参考工程图，创建半径为8mm和0.5mm的圆角。完成后的图形如图8-48所示。

图　8-47　　　　　　　　　　　　　　　图　8-48

步骤4：单击模型面板上的 倒角 按钮，参考工程图，创建倒角C3。完成后的图形如图8-49所示。

步骤5：选择XY平面，绘制如图8-50所示的草图。

步骤6：单击模型面板上的 旋转 按钮，软件会自动选中上一步骤画好的草图，旋转轴选择草图的中心线，在范围中选择"全部"，旋转后的图形如图8-51所示。

图　8-49

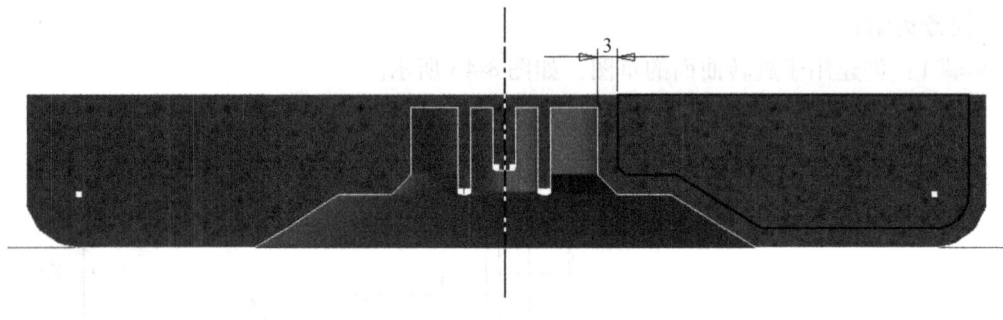

图　8-50

步骤7：选择圆柱上表面，绘制如图8-52所示的草图。

步骤8：单击模型面板上的 拉伸 按钮，选择上一步创建的草图，在范围中选择距离并设置为"16mm"。拉伸方式选择为 （求差），拉伸后的图形如图8-53所示。

步骤9：选择壶底内表面，绘制如图8-54所示的草图。

步骤10：单击模型面板上的 拉伸 按钮，选择上一步创建的草图，在范围中选择距离并设置为"17mm"。拉伸方式选择为 ▣（求并）。拉伸后的图形如图 8-55 所示。

图 8-51

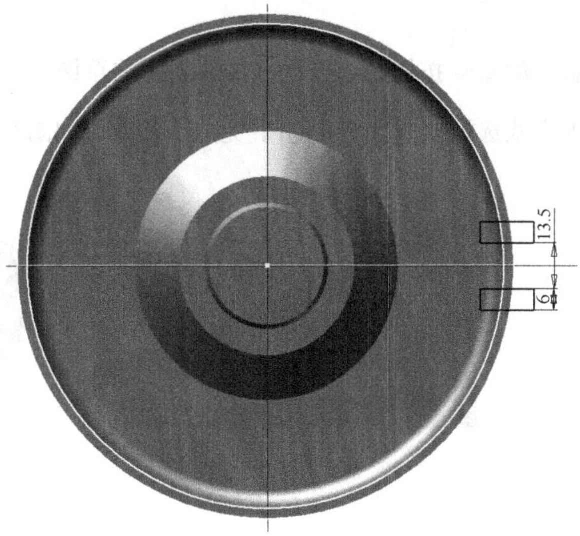

图 8-52

图 8-53

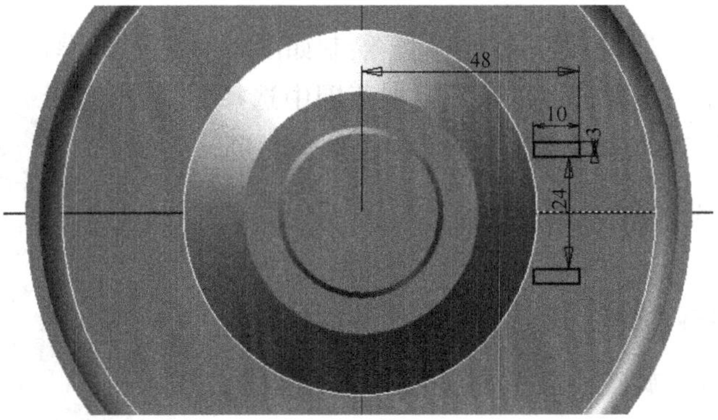

图 8-54

步骤 11：单击模型面板上的 圆角 按钮，参考工程图，设置半径为 5mm，创建圆角。完成后的图形如图 8-56 所示。

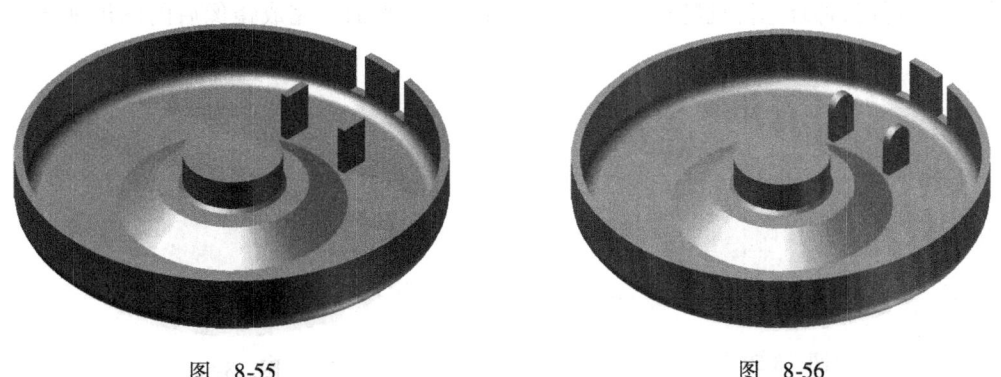

图 8-55

图 8-56

步骤12：选择上一步骤创建的凸柱外表面，绘制如图8-57a所示的草图。单击模型面板上的 拉伸 按钮，选择上一步骤创建的草图，在范围中选择距离并设置为"30mm"，拉伸方式选择为 ⊟ （求差）。完成后的效果如图8-57b所示。

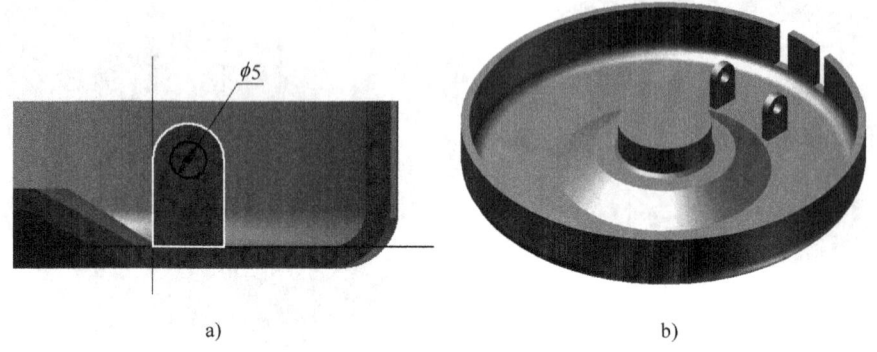

图 8-57

步骤13：选择底面，绘制如图8-58所示的草图。单击模型面板上的 拉伸 按钮，选择上一步骤创建的草图，在范围中选择距离并设置为"8mm"，拉伸方式选择为 ⊟ （差集）。

步骤14：单击模型面板上的环形阵列按钮，选择上一步骤的拉伸特征，旋转轴选Y轴，放置为5个，设置为60deg，在（中间面）前的小方框中打钩。完成后的效果如图8-59所示。

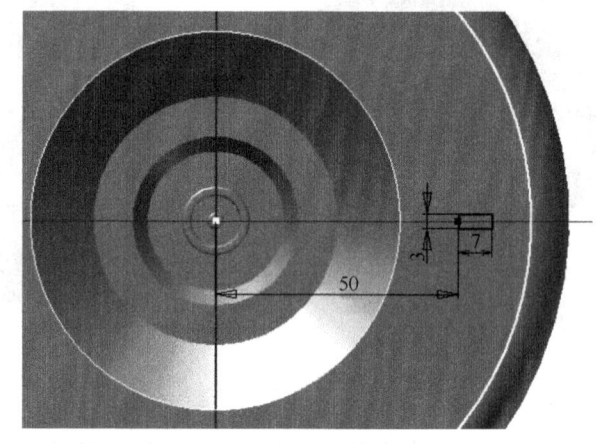

图 8-58

步骤15：单击模型面板上的镜像按钮，选择拉伸环形阵列特征，镜像平面选择XY平面。完成镜像后的图形如图8-60所示。

图 8-59

图 8-60

步骤16：经仔细检查后，保存实体，文件名为壶底。

任务五 按钮的设计

【任务要求】 根据如图 8-61 所示的图样，建立按钮的三维模型。

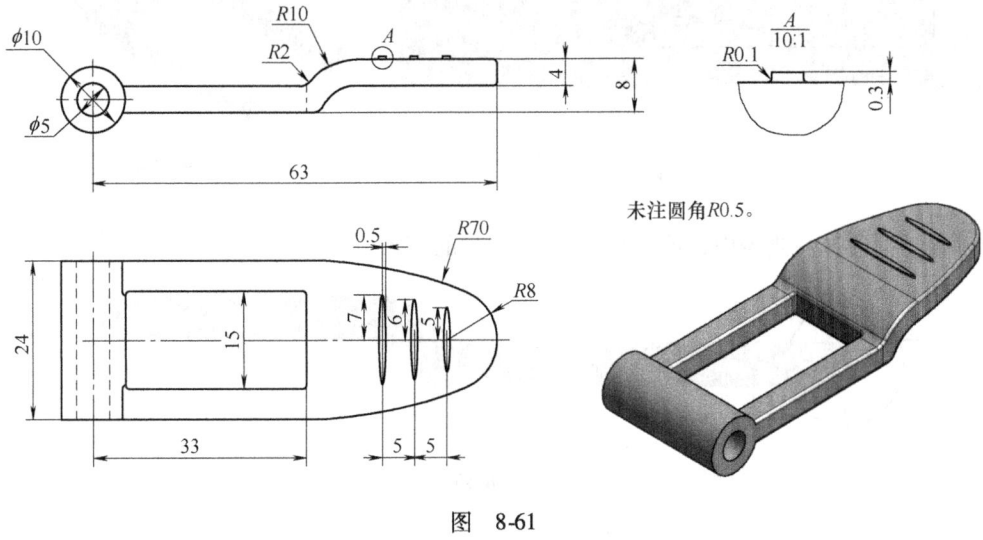

未注圆角 R0.5。

图 8-61

【任务实施】

步骤1：创建用于拉伸的草图，如图 8-62 所示。

步骤2：单击模型面板上的 拉伸 按钮，软件自动选中上一步骤画好的草图，在范围中选择距离并设置为"24mm"，选择对称。拉伸后的图形如图 8-63 所示。

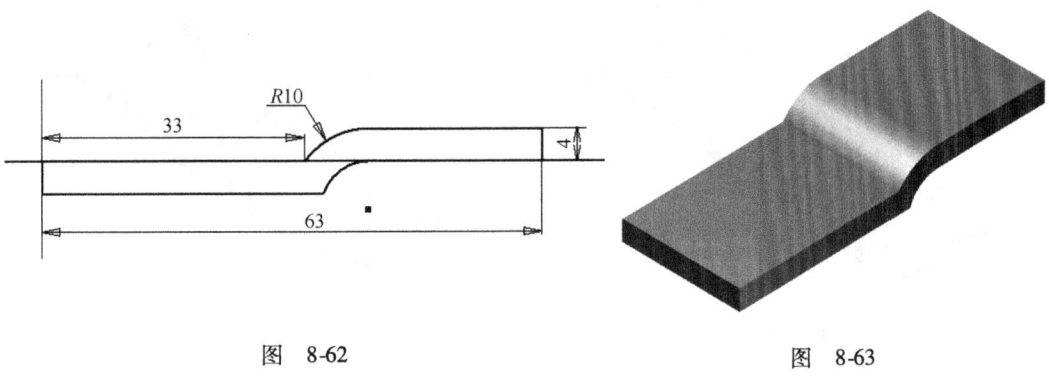

图 8-62   图 8-63

步骤3：选择左边上表面，绘制如图 8-64 所示的草图。

步骤4：单击模型面板上的 拉伸 按钮，选中上一步骤画好的草图，在范围中选择"贯通",拉伸方式选择为 ■(求差)。切除后的效果如图8-65所示。

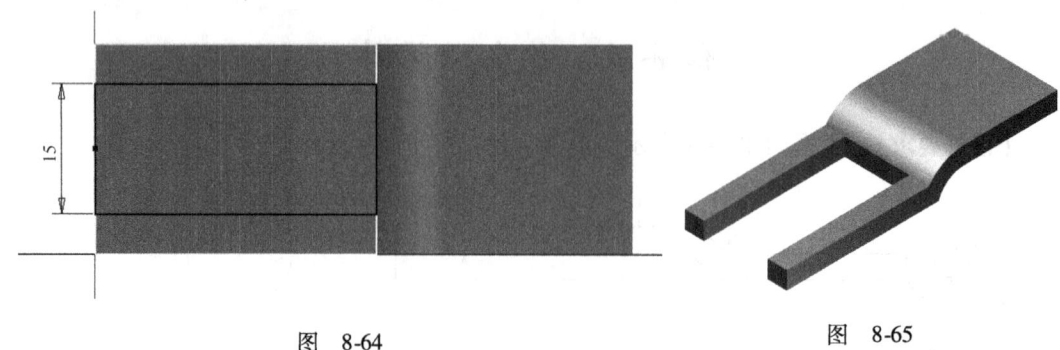

图 8-64　　　　　　　　　　　　　图 8-65

步骤5:选择左侧表面,绘制如图8-66所示的草图。

图 8-66

步骤6:单击模型面板上的 拉伸 按钮,选择绘制的草图,在范围中选择距离并设置为"24mm",拉伸方式选择为 ■(求并)。拉伸后的图形如图8-67所示。

步骤7:单击模型面板上的按钮 ■,放置选择为同心,平面选择为侧面,同心参考选择上一步骤创建的圆柱面,选择直孔,孔的直径为5mm、深度为24mm,其他选项默认。完成后的图形如图8-68所示。

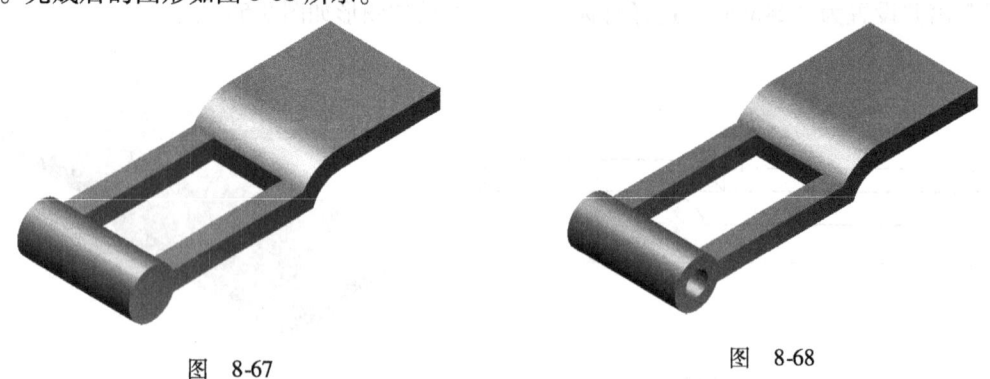

图 8-67　　　　　　　　　　　　　图 8-68

步骤8:选择右边上表面,绘制如图8-69所示的草图。

步骤9:单击模型面板上的 拉伸 按钮,选中上一步骤画好的草图,在范围中选择"贯通",拉伸方式选择为 ■(求差)。切除后的效果如图8-70所示。

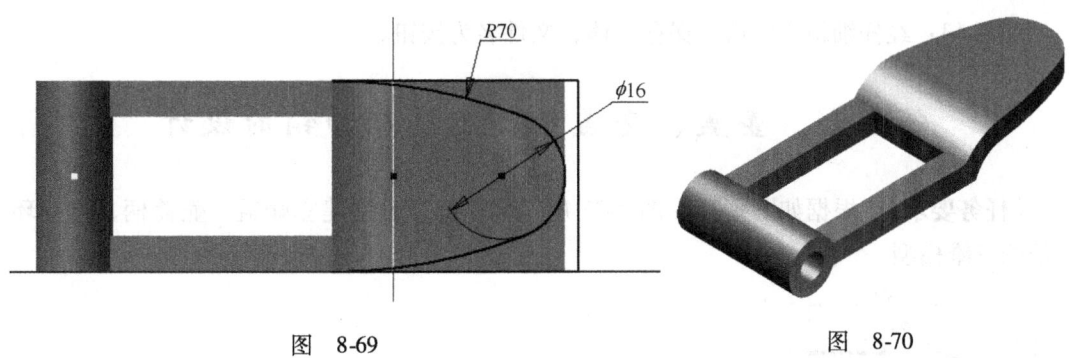

图 8-69　　　　　　　　　　　　图 8-70

步骤10：选择右侧上表面，绘制如图8-71所示的草图。

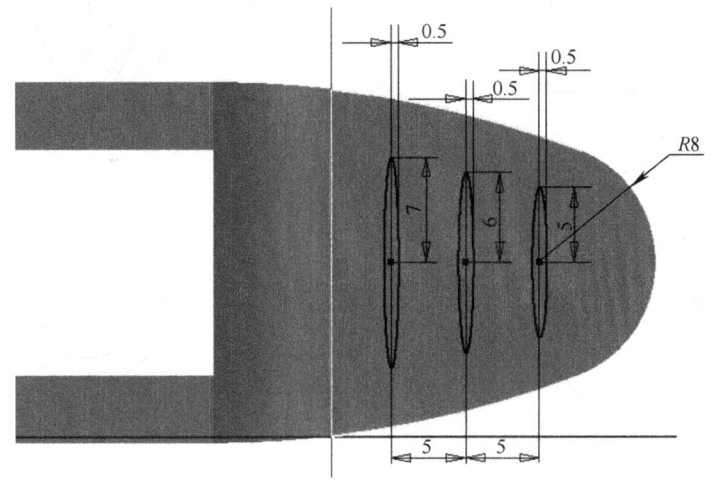

图 8-71

步骤11：单击模型面板上的 拉伸 按钮，选择绘制的草图，在范围中选择距离并设置为"0.8mm"，拉伸方式选择为 （求并）。拉伸后的图形如图8-72所示。

步骤12：单击模型面板上的 圆角 按钮，参考工程图，分别创建半径为2mm、0.1mm和0.5mm的圆角，完成后的效果如图8-73所示。

　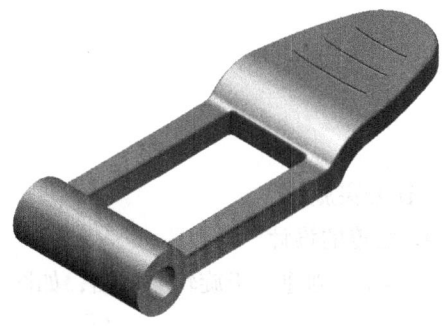

图 8-72　　　　　　　　　　　　图 8-73

步骤13：经仔细检查之后，保存实体，文件名为按钮。

任务六　壶盖、壶盖柄、连接环和销的设计

【任务要求】　根据如图8-74～图8-77所示的图样，分别建立壶盖、壶盖柄、连接环和销的三维模型。

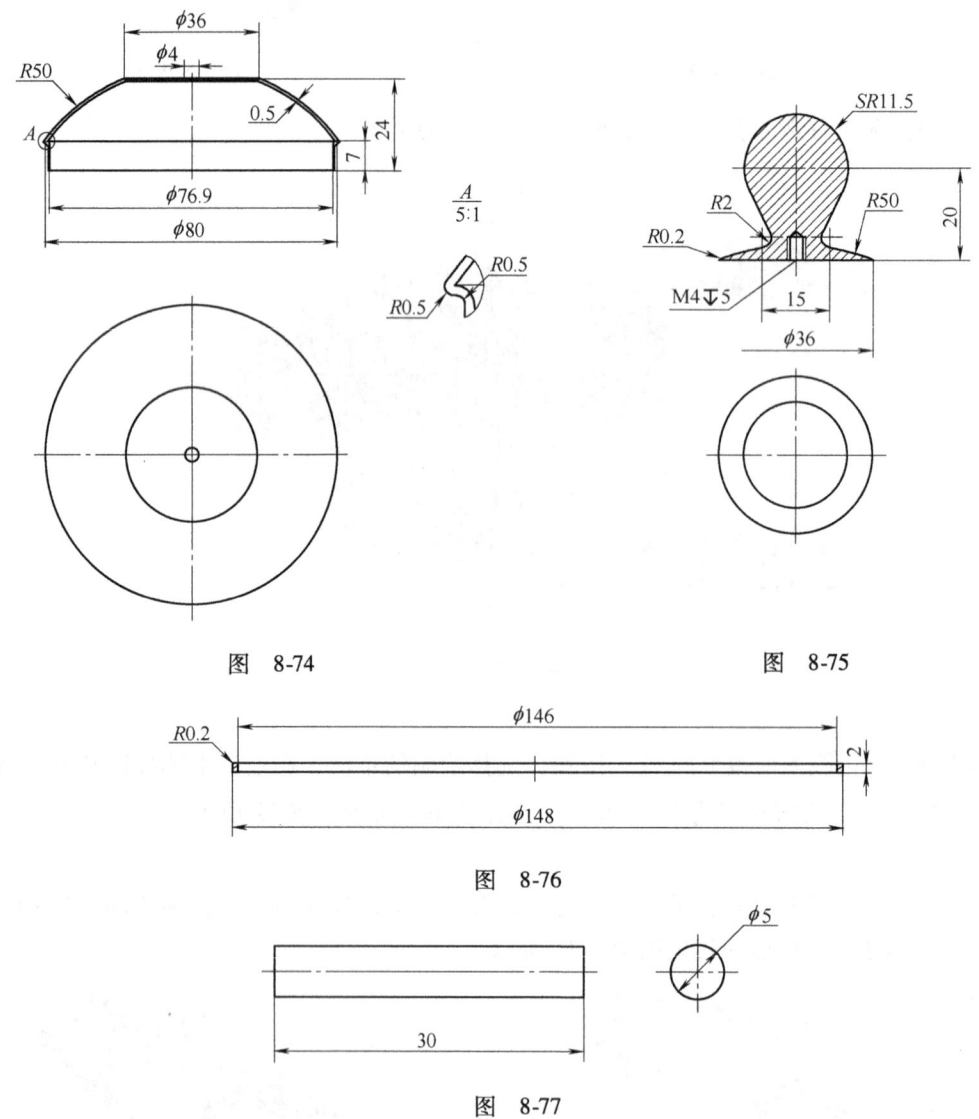

图　8-74　　　　　　　　　　　　图　8-75

图　8-76

图　8-77

【任务实施】
1. 壶盖的设计
步骤1：创建用于旋转的草图，如图8-78所示。

步骤2：单击模型面板上的 旋转 按钮，软件会自动判断输出为曲面，截面轮廓选择为

上一步骤绘制的草图，旋转轴选择为中心线，在范围中选择"全部"，生成如图 8-79 所示的曲面。

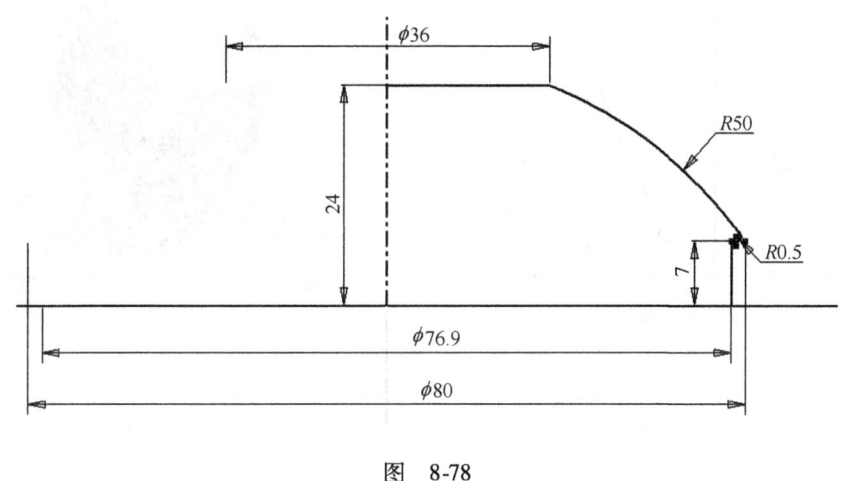

图 8-78

步骤3：单击模型面板上的 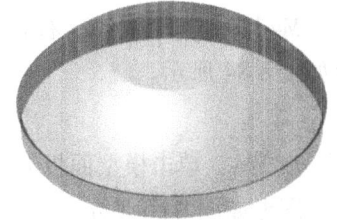 加厚/偏移 按钮，选择缝合曲面选项，选择旋转曲面，输入距离为"0.5mm"，选择 ，完成后的效果如图 8-80 所示。

步骤4：单击模型面板上的按钮 ，放置选择同心，平面选择上平面，同心参考选择圆柱面，选择直孔，孔的直径为4mm、深度为0.5mm，其他选项默认，如图 8-81 所示。

图 8-79

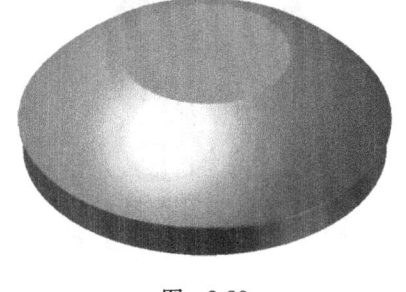

图 8-80

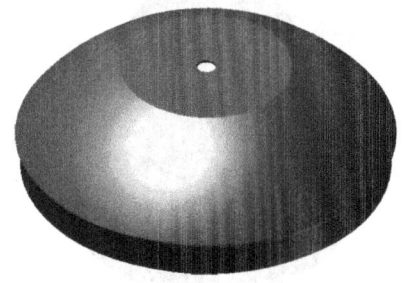

图 8-81

步骤5：经仔细检查之后，保存实体，文件名为壶盖。

2. 壶盖柄的设计

步骤1：创建用于旋转的草图，如图 8-82 所示。

步骤2：单击模型面板上的 旋转 按钮，软件会自动选中上一步骤画好的草图，旋转轴选择草图的中心线；在范围中选择"全部"。旋转后的图形如图 8-83 所示。

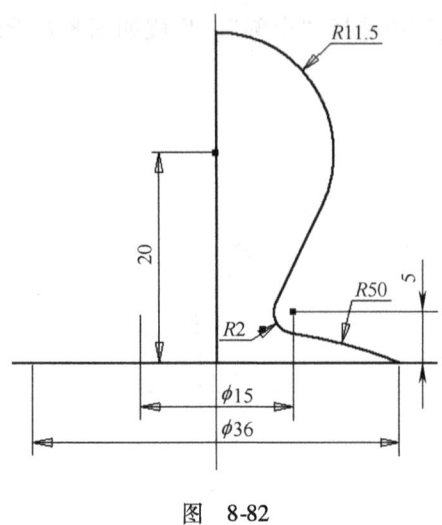
图 8-82

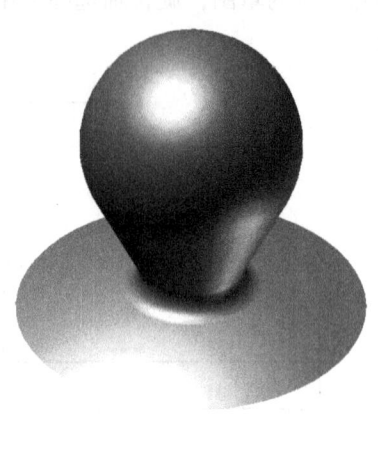
图 8-83

步骤3：单击模型面板上的按钮 ◉，在放置中选择 ◎ 同心，平面选择底平面，同心参考选择底面圆，选择 ⌇ （螺纹孔），螺纹类型选择 GB Metric profile，大小选择"4"，规格选择"M4"，勾选全螺纹、右旋，深度尺寸设置为"5mm"，其他选项为默认。完成后的图形如图8-84所示。

步骤4：单击模型面板上的 圆角 按钮，参考工程图，创建半径为0.2mm的圆角，完成后的图形如图8-85所示。

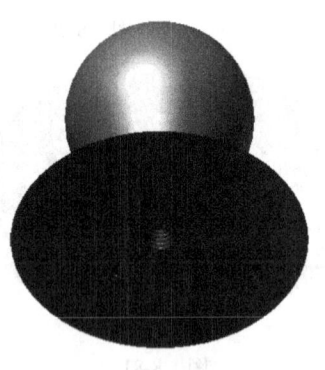
图 8-84

图 8-85

步骤5：经仔细检查后，保存实体，文件名为壶盖柄。

3. 连接环的设计

步骤1：创建用于旋转的草图，如图8-86所示。

步骤2：单击模型面板上的 旋转 按钮，软件会自动选中上一步骤画好的草图，旋转轴选择草图的中心线，在范围中选择"全部"。旋转后的图形如图8-87所示。

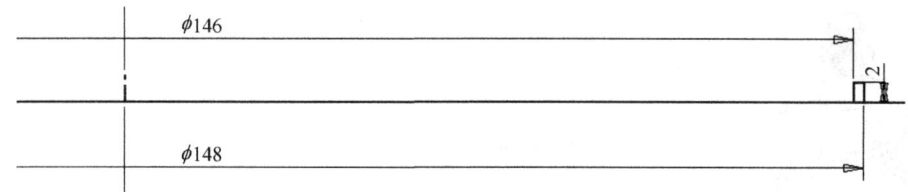

图 8-86

步骤3：单击模型面板上的 圆角 按钮，参考工程图，创建半径为0.2mm的圆角。经仔细检查之后，保存实体，文件名为连接环。

4. 销的设计

步骤1：创建用于拉伸的草图，如图8-88所示。

步骤2：单击模型面板上的 拉伸 按钮，软件自动选中上一步骤画好的草图，在范围中选择距离并设置为"30mm"。拉伸后的图形如图8-89所示。

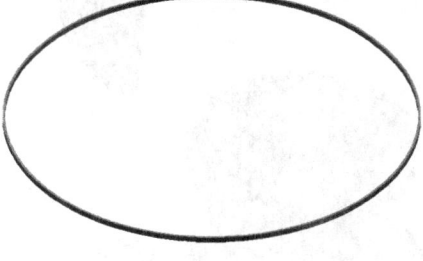

图 8-87

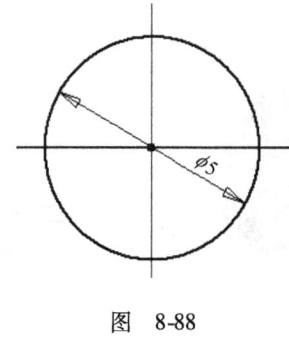

图 8-88

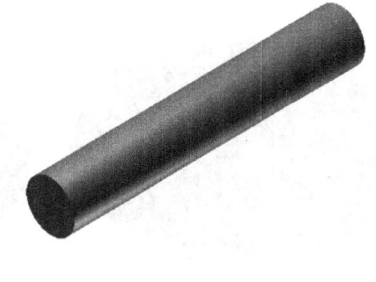

图 8-89

步骤3：经仔细检查后，保存实体，文件名为销。

任务七 电热壶的装配设计

【任务要求】 根据如图8-90所示的图样，进行电热壶的装配设计。

【任务实施】

步骤1：新建部件文件。单击"新建文件"选项卡中的部件按钮 Standard.iam。

步骤2：单击装配面板上的 放置 按钮，先将底座放置进来（提示：首先放置进来的实体将会被固定）。

步骤3：再次单击 放置 按钮，将壶底、按钮和销放置进来，如图8-91所示。

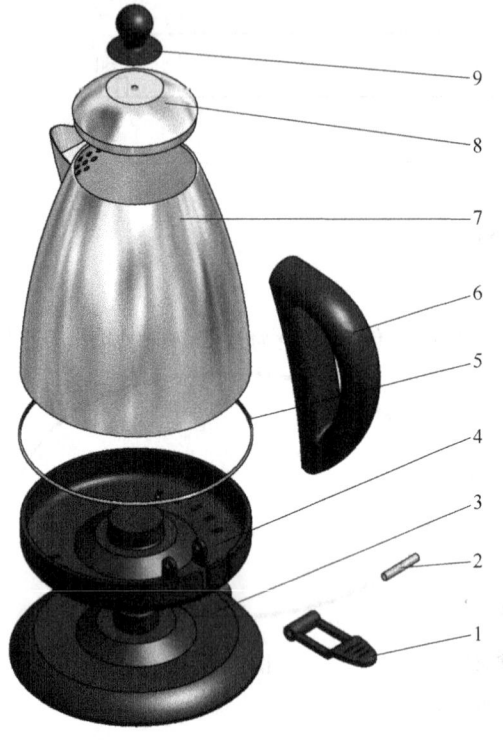

9	壶盖柄	1	
8	壶盖	1	
7	壶身	1	
6	把手	1	
5	连接环	1	
4	壶底	1	
3	底座	1	
2	销	1	
1	按钮	1	
序号	名称	数量	备注

图 8-90

 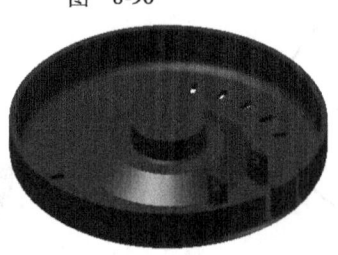

图 8-91

步骤 4：单击装配面板上的  按钮，选择约束类型为 （插入），方式为 （反向），分别选择如图 8-92 所示的两条边，完成底座与壶底的装配。

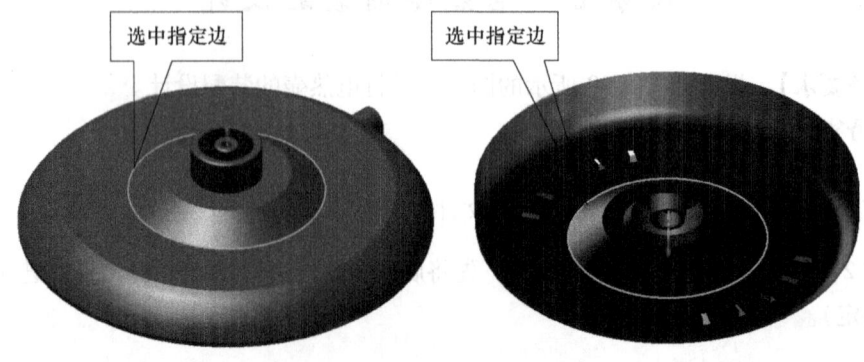

图 8-92

步骤 5：单击装配面板上的 约束 按钮，选择约束类型为 ▣（插入），方式为 ▣（对齐），分别选择如图 8-93 所示的两条边，完成销与壶底的装配。

步骤 6：单击装配面板上的 约束 按钮，选择约束类型为 ▣（插入），方式为 ▣（反向），分别选择如图 8-94 所示的两条边，完成按钮与销的装配，如图 8-95 所示。

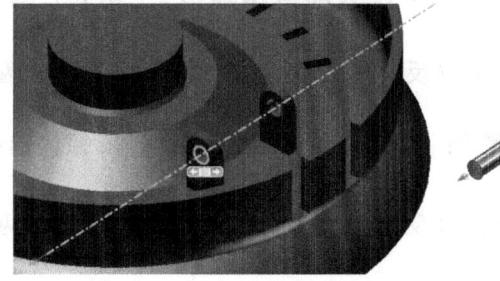

图 8-93

图 8-94

步骤 7：单击 放置 按钮，将连接环、壶身和把手放置进来，如图 8-96 所示。

图 8-95

图 8-96

步骤 8：单击装配面板上的 按钮，选择约束类型为 （插入），方式为 （反向），分别选择如图 8-97 所示的两条边，完成连接环与壶底的装配。

步骤 9：单击装配面板上的 按钮，选择约束类型为 （插入），方式为 （反向），分别选择如图 8-98 所示的两条边，完成壶身与底座的装配。

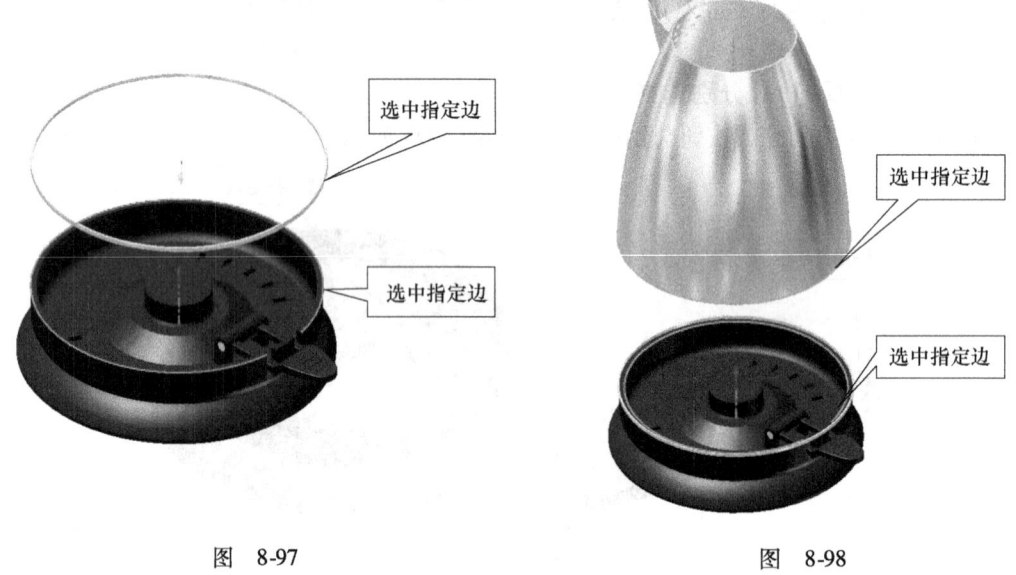

图　8-97　　　　　　　　　　　　　图　8-98

步骤 10：双击模型树下的把手零件，进入零件编辑状态，单击把手模型树下的旋转曲面特征，单击鼠标右键，再单击可见性，使曲面可见，然后单击模型面板的返回按钮。完成后的图形如图 8-99 所示。

图　8-99

步骤 11：单击装配面板上的 按钮，选择约束类型为 （插入），方式为

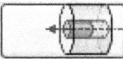（对齐），分别选择如图 8-100 所示的两条边。

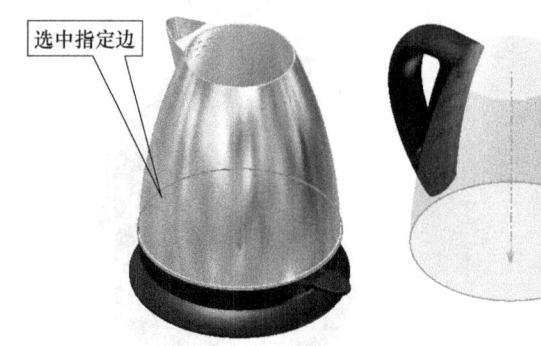

图　8-100

步骤 12：展开模型树下把手的原始坐标系，用鼠标右键单击 YZ 平面选择可见性，使 YZ 平面可见，用同样的方法使壶身的 YZ 平面可见。单击装配面板上的 按钮，选择约束类型为 （配合），方式为 （配合），选择把手的 YZ 平面和壶身的 YZ 平面，如图 8-101 所示，完成把手与壶身的装配。

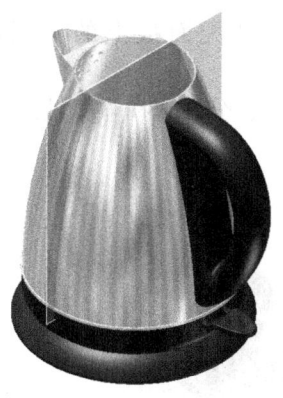

图　8-101

步骤 13：用同样的方法使壶底和连接环的 YZ 平面可见。单击装配面板上的 按钮，选择约束类型为 （配合），方式为 （配合），选择壶底的 YZ 平面和壶身的 YZ 平面，完成壶底与壶身的装配，再用同样的方法完成壶底与连接环的装配。

步骤 14：双击模型树下的把手零件，进入零件编辑状态，用鼠标右键单击把手旋转曲面特征可见性，关闭可见性，单击模型面板的返回按钮。在模型树下用鼠标右键单击把手原始坐标系下 YZ 平面的可见性，关闭 YZ 平面的可见性。用同样的方法关闭壶身和壶底 YZ 平面的可见性，完成后的效果如图 8-102 所示。

步骤 15：单击 按钮，将壶盖和壶盖柄放置进来，如图 8-103 所示。

图 8-102　　　　　　　　　　　　　图 8-103

步骤 16：单击装配面板上的 约束 按钮，选择约束类型为 ▦（插入），方式为 ▦（反向），分别选择壶盖上的圆孔边和壶盖柄的螺纹孔边，完成壶盖与壶盖柄的装配，如图 8-104 所示。

步骤 17：单击装配面板上的 约束 按钮，选择约束类型为 ▦（配合），方式为 ▦（配合），分别选择壶身轴线和壶盖圆柱轴线，如图 8-105 所示。

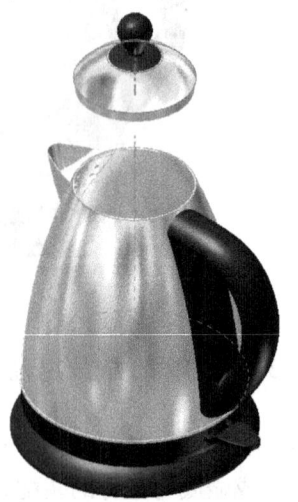

图 8-104　　　　　　　　　　　　　图 8-105

步骤 18：单击装配面板上的 约束 按钮，选择约束类型为 ▦（相切），方式为 ▦（外边框），选择如图 8-106 所示的两个面，单击"确定"按钮，完成壶盖与壶盖柄的装配，最终完成后的效果如图 8-107 所示。

步骤 19：检查并保存文件。

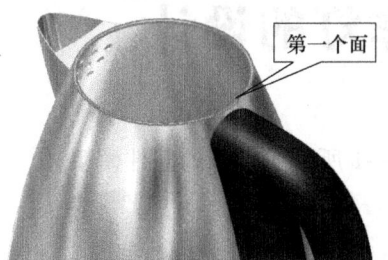 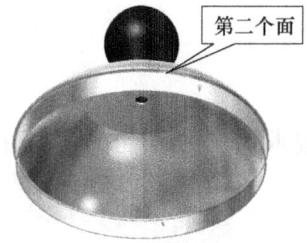

图 8-106

图 8-107

项目四　工作灯的设计

【项目要求】　根据给定的工程图,建立图 9-1 所示工作灯的部件模型。

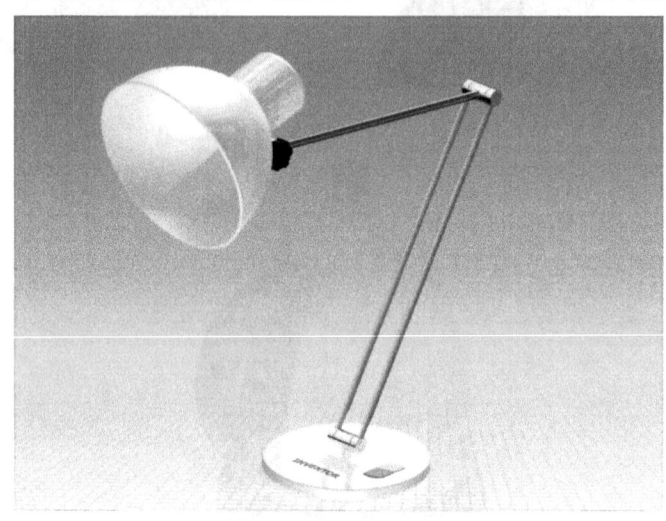

图　9-1

【项目分析】

一、部件结构分析

工作灯的整体结构如图 9-2 所示。

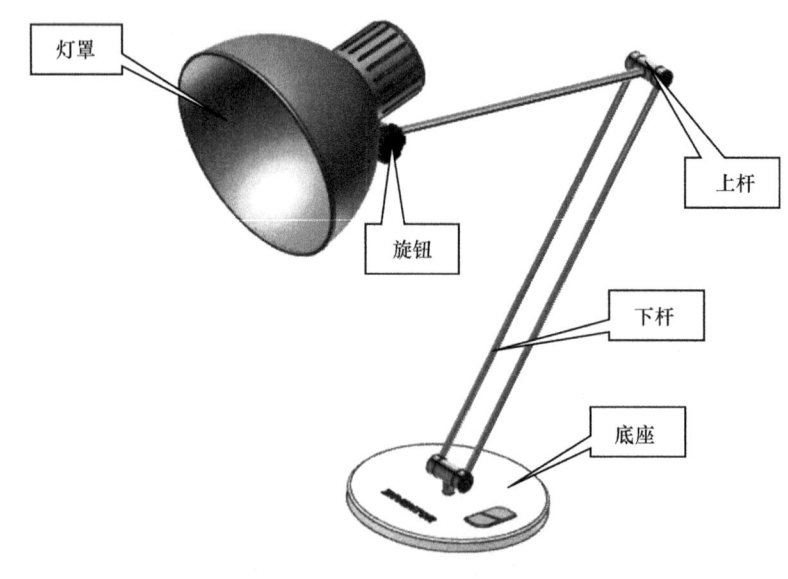

图　9-2

二、部件整体建模分析

采用零件建模，然后进行部件装配的方法，工作灯的部件建模流程如图 9-3 所示。

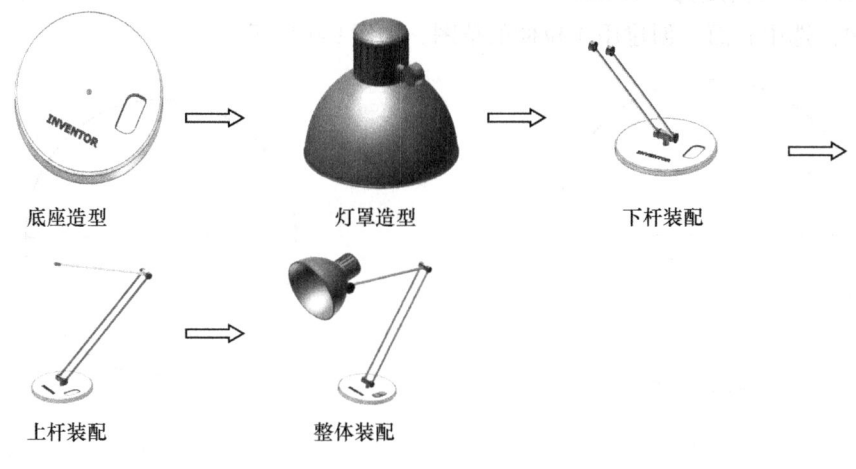

图　9-3

任务一　底座的设计

【任务要求】　根据如图 9-4 所示图样，建立底座的三维模型。

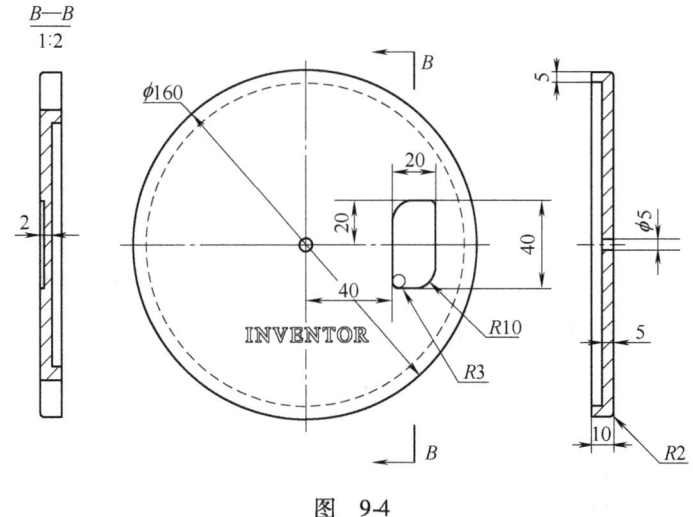

图　9-4

【任务实施】

步骤 1：选择"快速入门"命令，单击"启动"面板中的"项目"选项，打开项目编辑器。单击"新建"按钮，弹出"新建项目向导"对话框，在项目向导里选择"新建单用户项目命令"，然后单击"下一步"按钮，在弹出的向导对话框中输入名称：工作灯，并设置项目文件夹的路径。

步骤 2：创建用于拉伸的草图，如图 9-5 所示。

步骤 3：单击模型面板上的 拉伸 按钮，软件会自动选中上一步骤画好的草图，在范围中选择距离，设置高度为 "10mm"。

步骤 4：选中底面，创建用于拉伸的草图，如图 9-6 所示。

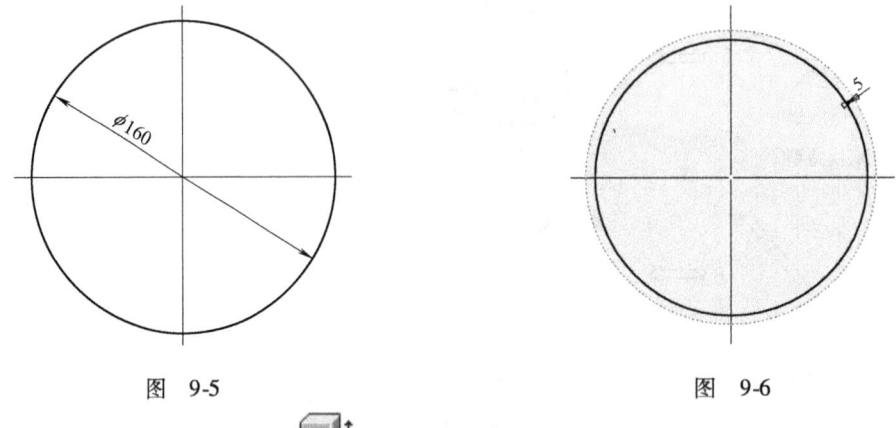

图 9-5　　　　　　　　　　　　　　图 9-6

步骤 5：单击模型面板上的 拉伸 按钮，选中画好的草图，在范围中选择距离，并设置距离为 "5mm"，拉伸方式选择 （求差）。拉伸后的图形如图 9-7 所示。

步骤 6：给顶面创建半径为 2mm 的圆角。完成后的图形如图 9-8 所示。

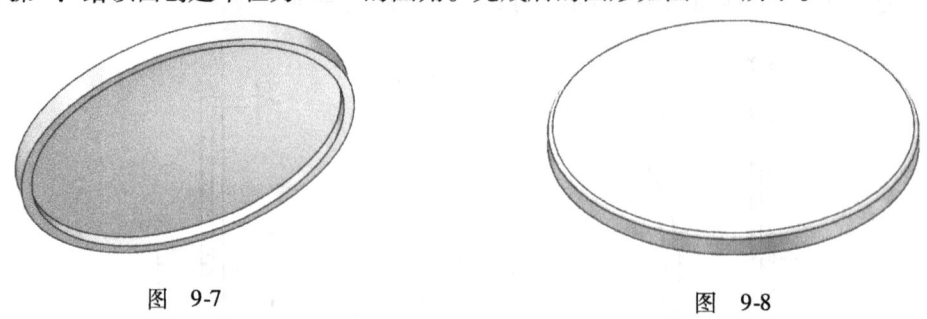

图 9-7　　　　　　　　　　　　　　图 9-8

步骤 7：创建如图 9-9 所示的通孔。

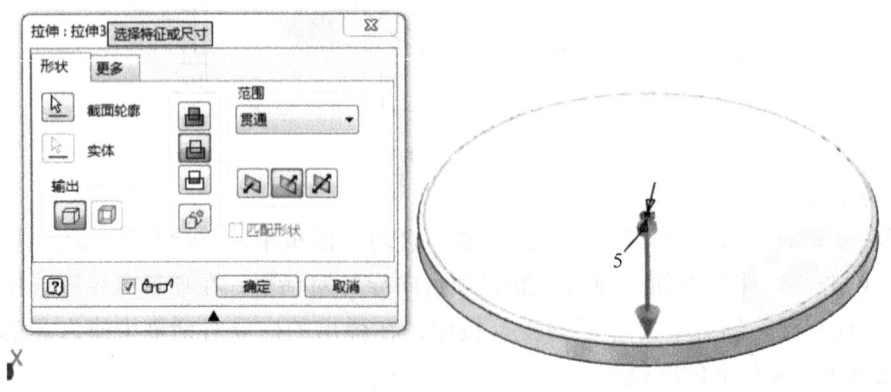

图 9-9

步骤8：选中顶面，创建用于拉伸的草图，如图9-10所示。

步骤9：单击模型面板上的 拉伸 按钮，选中画好的草图，在范围中选择距离并设置距离为"2mm"，拉伸方式选择 凸 （求差）。

步骤10：为创建好的特征添加圆角，将左下角和右上角的圆角半径设置为2mm，将左上角和右下角的圆角半径设置为10mm。完成后的图形如图9-11所示。

步骤11：为底座添加凸雕特征。完成后如图9-12所示。

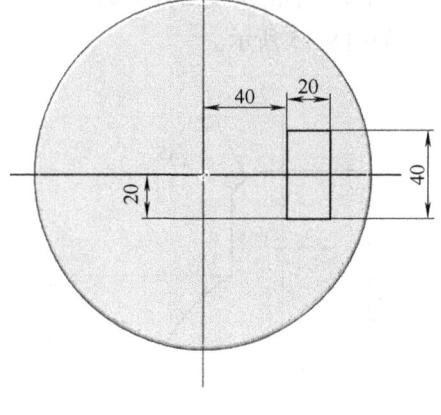

图 9-10

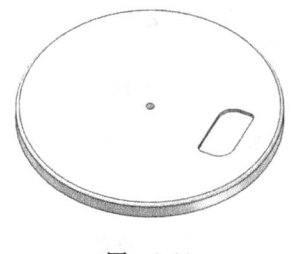

图 9-11

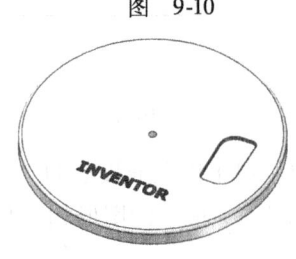

图 9-12

任务二　灯罩的设计

【任务要求】　根据如图9-13所示图样，建立灯罩的三维模型。

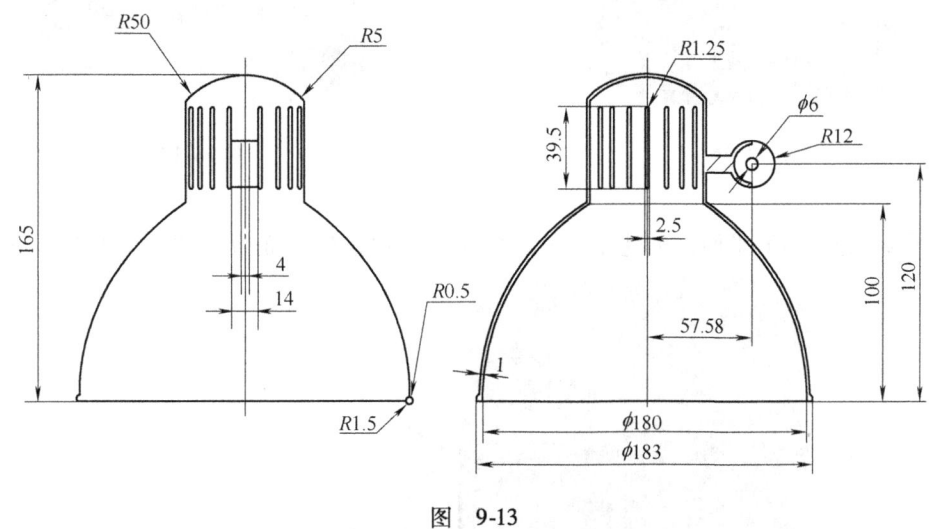

图 9-13

【任务实施】

步骤1：创建用于旋转的草图，如图9-14所示。

步骤2：单击模型面板上的 旋转 按钮，选中上一步骤画好的草图，在范围中选择"全部"，如图9-15所示。

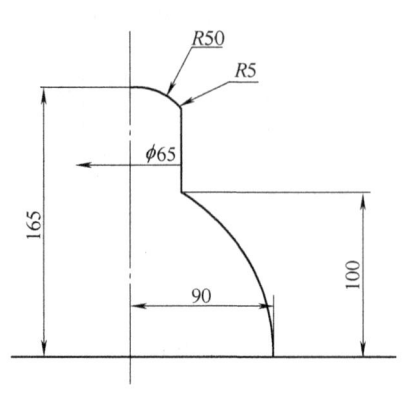

图 9-14 　　　　　　　　　　　　　　图 9-15

步骤3：单击模型面板上的 抽壳 按钮，开口面选择为如图9-16所示的平面，厚度设置为"1mm"。完成后的图形如图9-17所示。

图 9-16 　　　　　　　　　　　　　　图 9-17

步骤4：选中XY平面，创建用于旋转的草图。单击模型面板上的 旋转 按钮，选中画

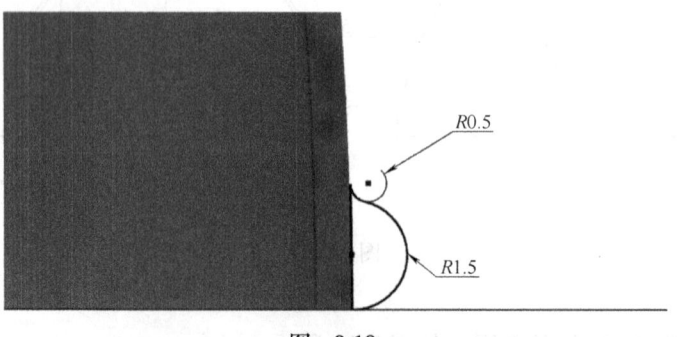

图 9-18

好的草图，旋转轴选择 Y 轴，在范围中选择"全部"，旋转方式选择 （求并）。完成后的图形如图 9-18 所示。

步骤 5：选中 XY 平面，创建用于拉伸的草图，如图 9-19 所示。单击模型面板上的 拉伸 按钮，选中画好的草图，在范围中选择"贯通"，拉伸方式选择 （求差）。拉伸后的图形如图 9-20 所示。

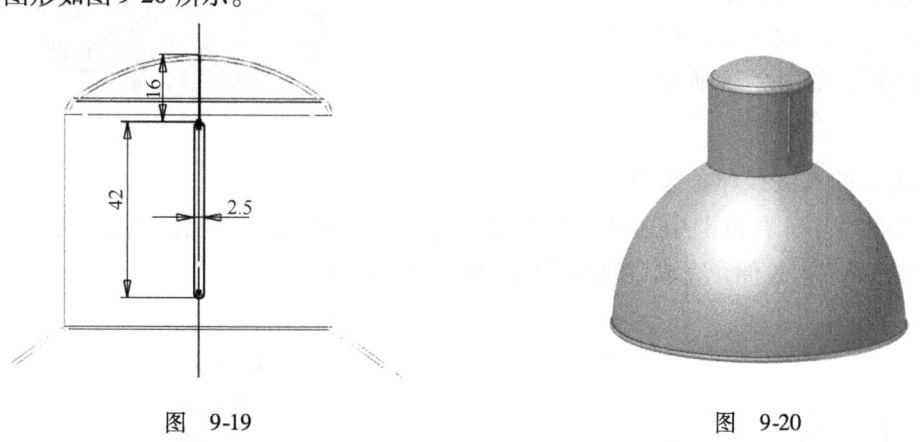

图 9-19   图 9-20

步骤 6：单击模型面板上的 环形 按钮，选中阵列"各个特征" ，特征选择为上一步骤创建的拉伸特征，旋转轴选择为 Y 轴，放置数量为"19ul"，角度设置为"330deg"，选中 复选框，如图 9-21 所示。

图 9-21

步骤 7：单击模型面板上的 按钮，选中 XY 平面，设置向后偏移 57.58mm，如图 9-22 所示。

步骤 8：创建用于拉伸的草图，如图 9-23 所示。单击模型面板上的 拉伸按钮，选中绘制的草图，范围选择为"到表面"或"平面"。拉伸后的图形如图 9-24 所示。

步骤 9：选中 YZ 平面，创建用于拉伸的草图，如图 9-25 所示。单击模型面板上的 拉伸按钮，选中上一步骤画好的草图，在范围中选择距离并设置距离为"14mm"，拉伸方式选择 ▣（求并），方向选择双向拉伸，完成后的图形如图 9-26 所示。

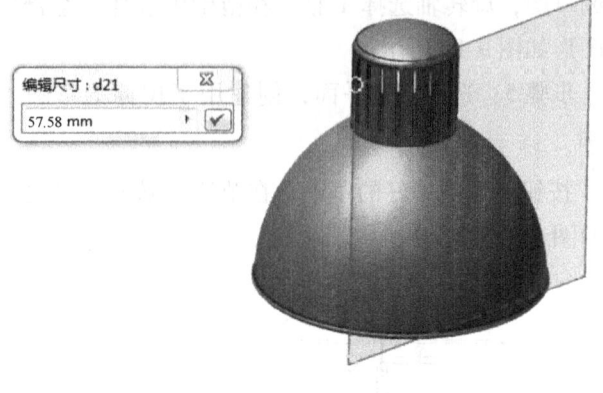

图 9-22

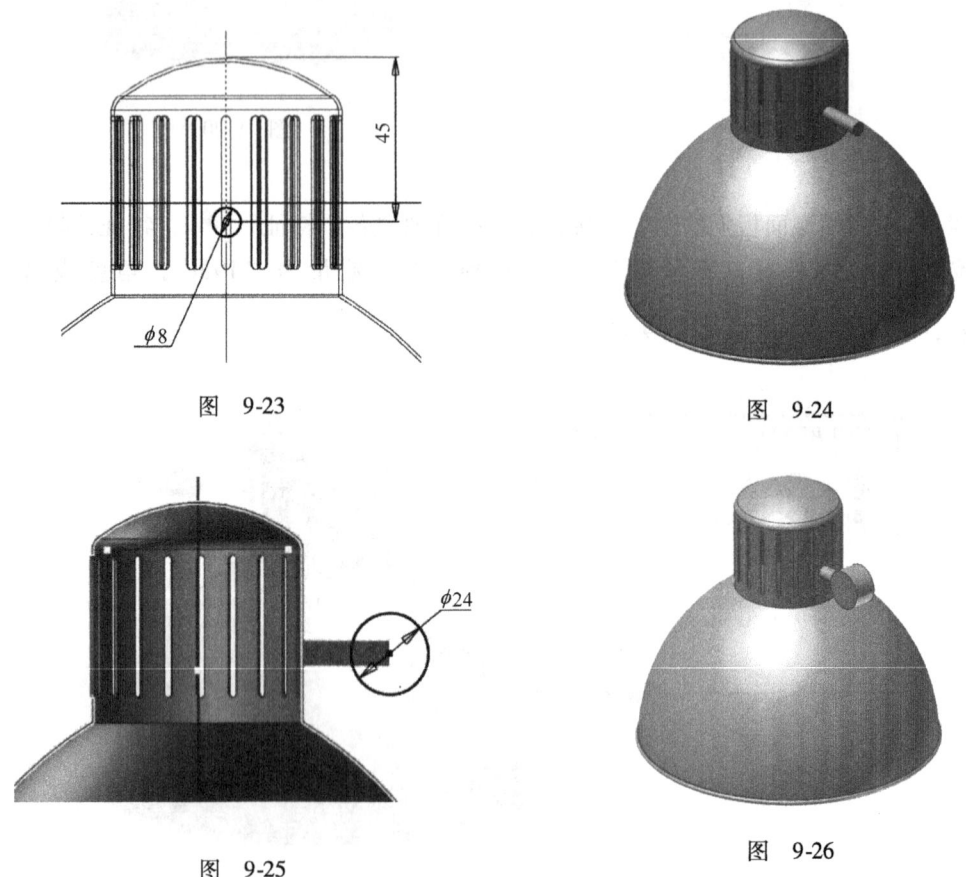

图 9-23　　　　　　　　　　　图 9-24

图 9-25　　　　　　　　　　　图 9-26

步骤 10：分两步创建剩余的拉伸特征，如图 9-27 和图 9-28 所示。
步骤 11：保存文件，文件名为灯罩。

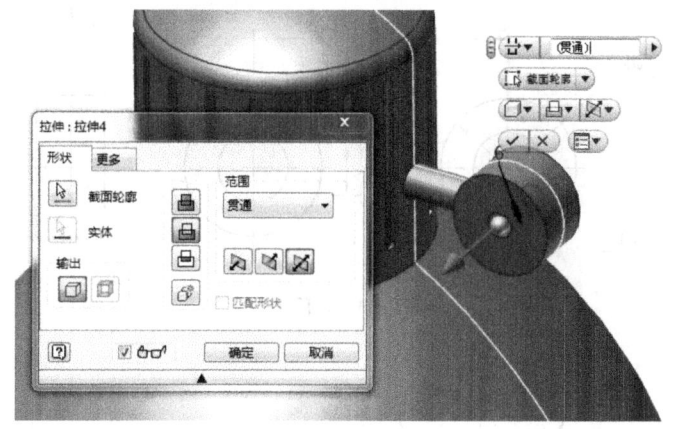

图 9-27

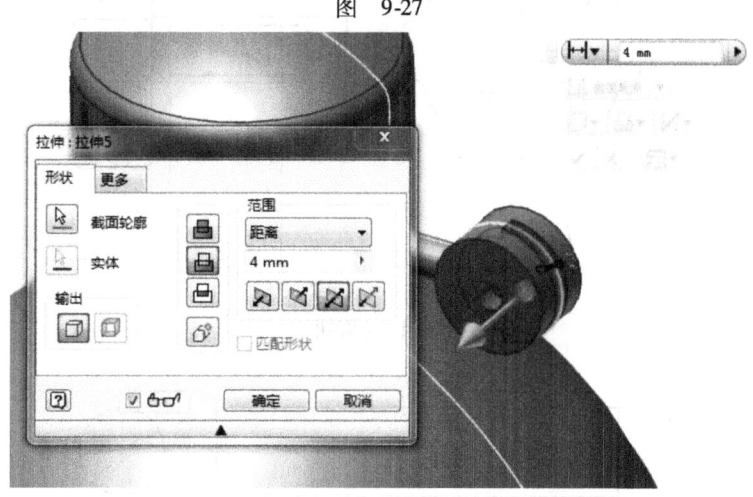

图 9-28

任务三 上杆、下杆、旋钮、轴、开关和底杆的设计

【任务要求】 根据图 9-29～图 9-34 所示图纸进行上杆、下杆、旋转、轴、开关和底杆的设计。

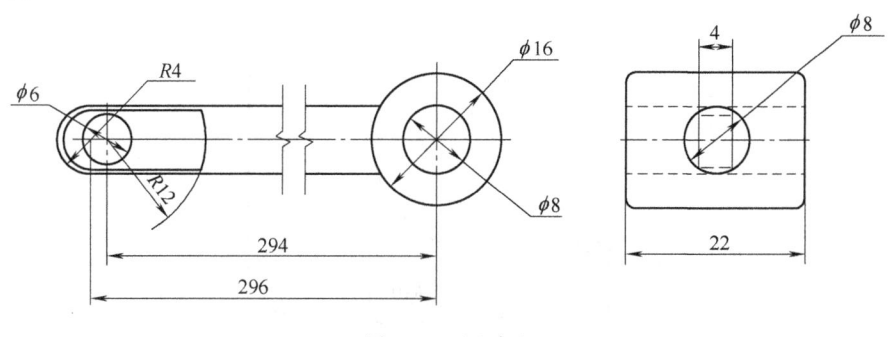

图 9-29 （上杆）

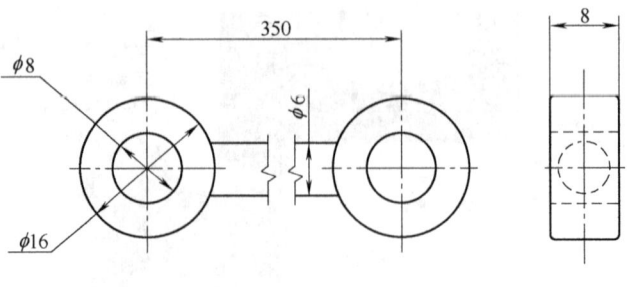

图 9-30 （下杆）

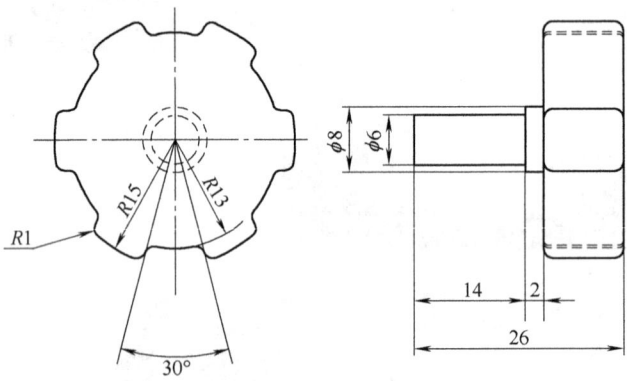

图 9-31 （旋钮）

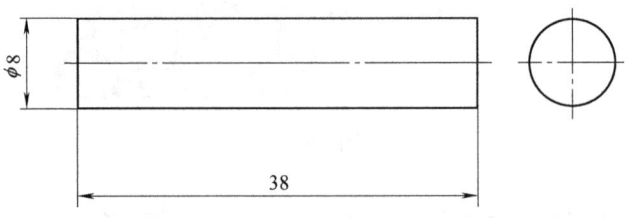

图 9-32 （轴）

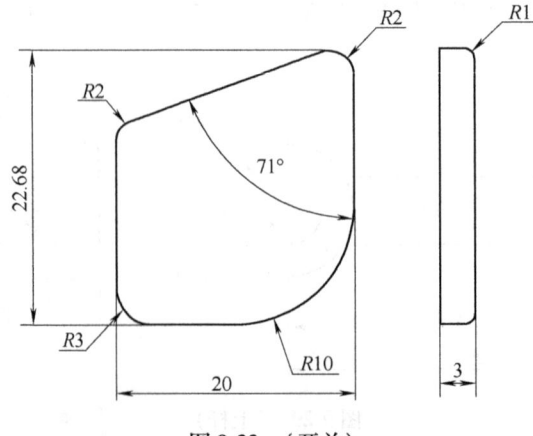

图 9-33 （开关）

【任务实施】

步骤1：上杆的设计。选中 XY 平面，创建用于拉伸的草图，如图 9-35 所示。

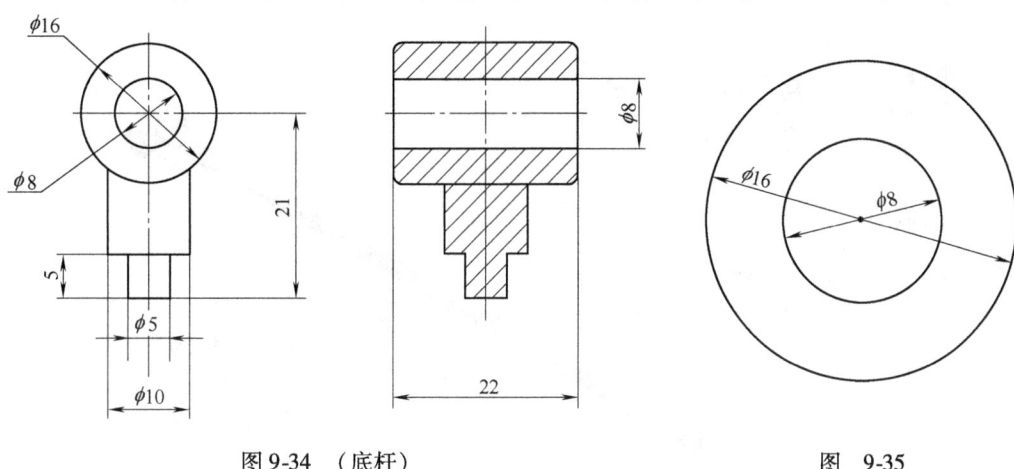

图 9-34 （底杆）　　　　　　　　　　　　　　图 9-35

步骤2：单击模型面板上的 拉伸 按钮，选择拉伸截面，在范围中选择距离并设置为 "22mm"，单击对称按钮 ，选择拉伸方式为 （新建实体），如图 9-36 所示。

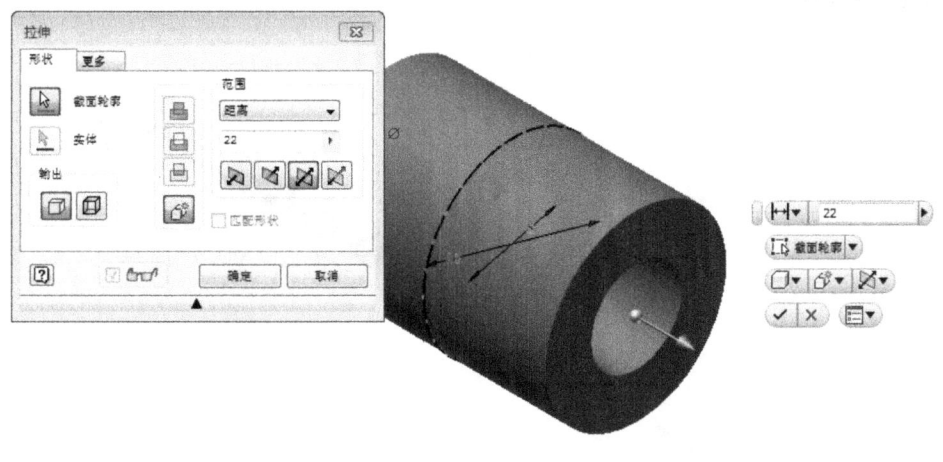

图 9-36

步骤3：选中 XY 平面，创建用于旋转的草图，如图 9-37 所示。

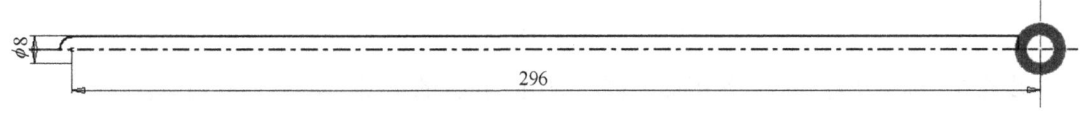

图 9-37

步骤4：单击模型面板上的 旋转 按钮，软件会自动选中上一步骤画好的草图，在范围

143

中选择全部，旋转后的图形如图 9-38 所示。

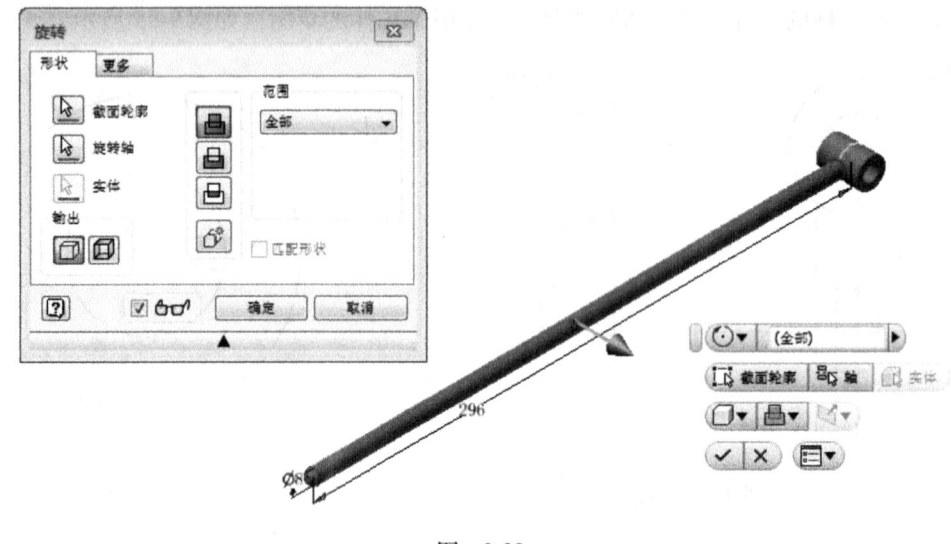

图 9-39

图 9-38

步骤 5：单击模型面板上的 按钮，选中 XY 平面，按住鼠标左键拖动，输入数值"2"，如图 9-39 所示。

图 9-39

步骤 6：选中新建立的工作平面上创建的用于拉伸的草图，如图 9-40 所示。

步骤 7：单击模型面板上的 拉伸 按钮，选择拉伸截面，在范围中选择贯通，再单击方向 1 按钮 ，设置拉伸方式为 （求差），如图 9-41 所示。

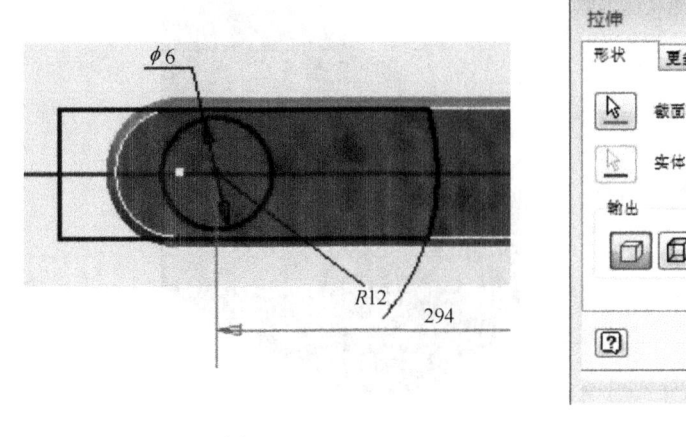

图 9-40   图 9-41

步骤8：单击模型面板上的 镜像 按钮，选择"镜像各个特征"，特征选择为上一步骤的拉伸步骤，镜像平面选择为 XY 平面，如图 9-42 所示。

步骤9：选中 XY 平面，创建用于拉伸的草图，如图 9-43 所示。

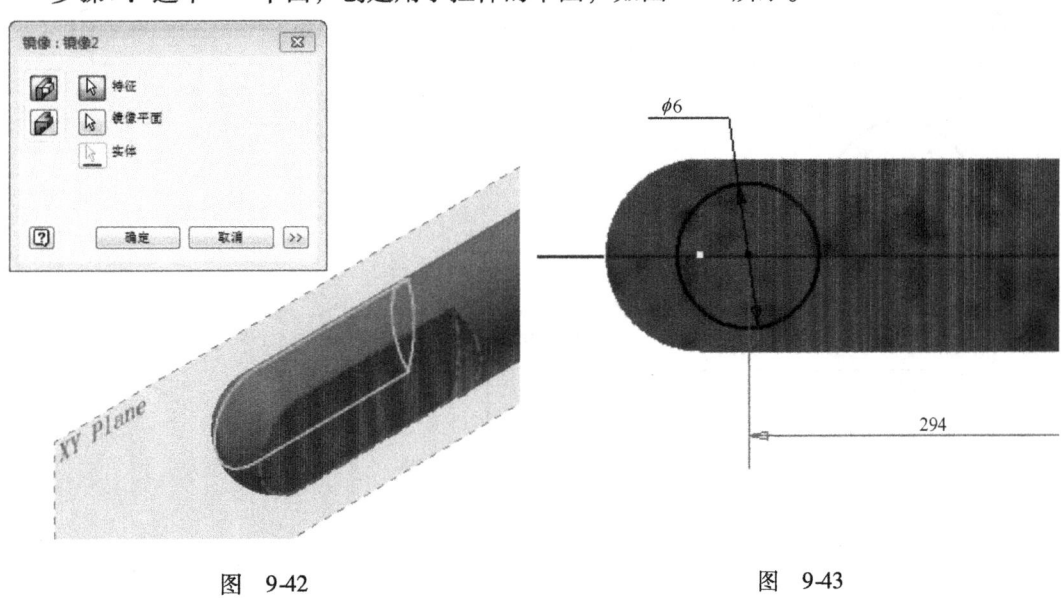

图 9-42   图 9-43

步骤10：单击模型面板上的 拉伸 按钮，选择拉伸截面，在范围中选择贯通，再单击对称按钮 ，设置拉伸方式为 （求差），如图 9-44 所示。

步骤11：下杆的设计。选中 XY 平面，创建用于拉伸的草图，如图 9-45 所示。

步骤12：单击模型面板上的 拉伸 按钮，选择拉伸截面，在范围中选择距离并设置为"8mm"，再单击对称按钮 ，设置拉伸方式为 （新建实体），如图 9-46 所示。

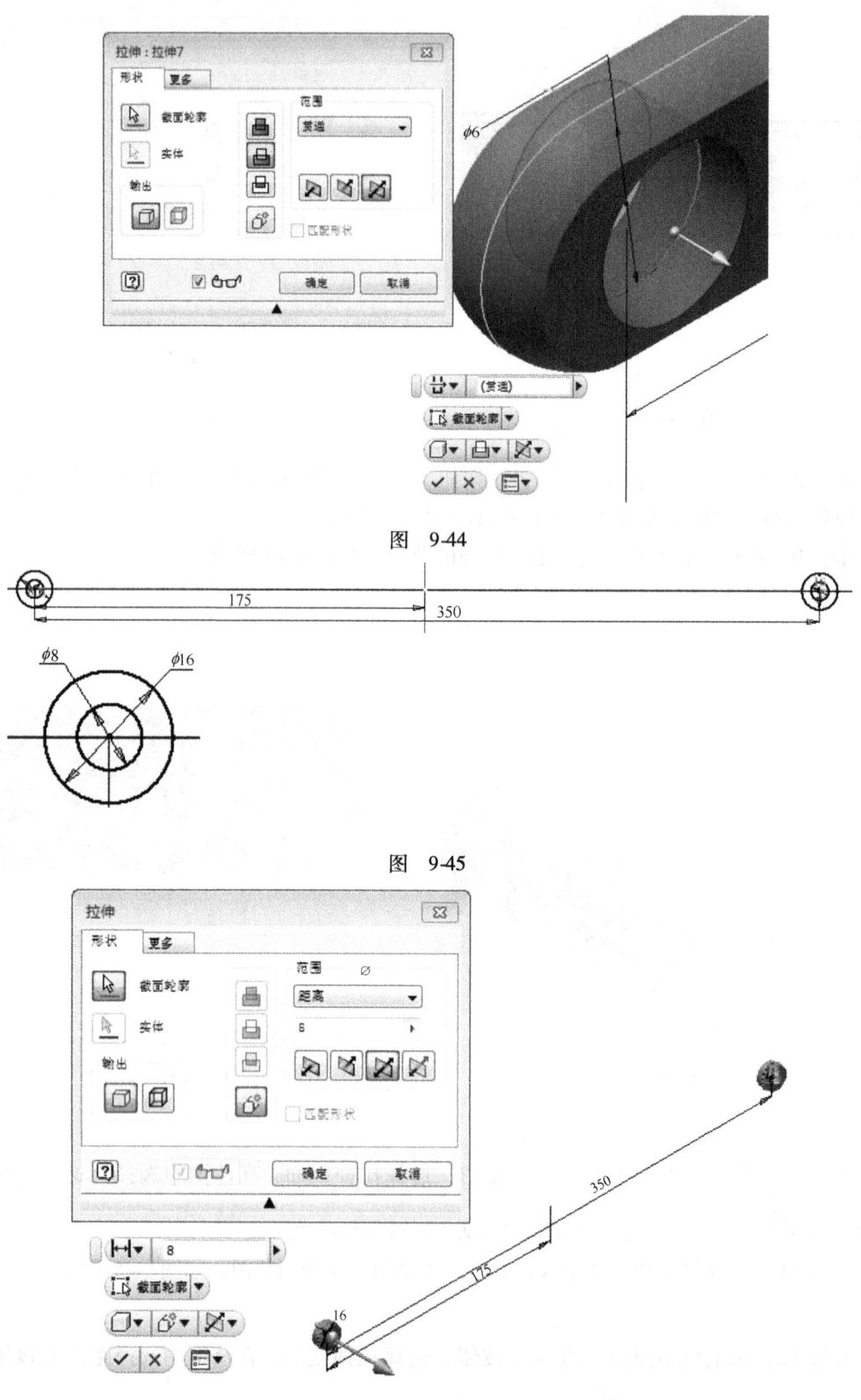

图 9-44

图 9-45

图 9-46

步骤13：选中XY平面，创建用于旋转的草图，如图9-47所示。

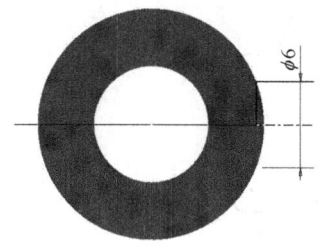

图 9-47

步骤14：单击模型面板上的 旋转 按钮，软件会自动选中上一步骤画好的草图，在范围中选择全部，旋转后的图形如图9-48所示。

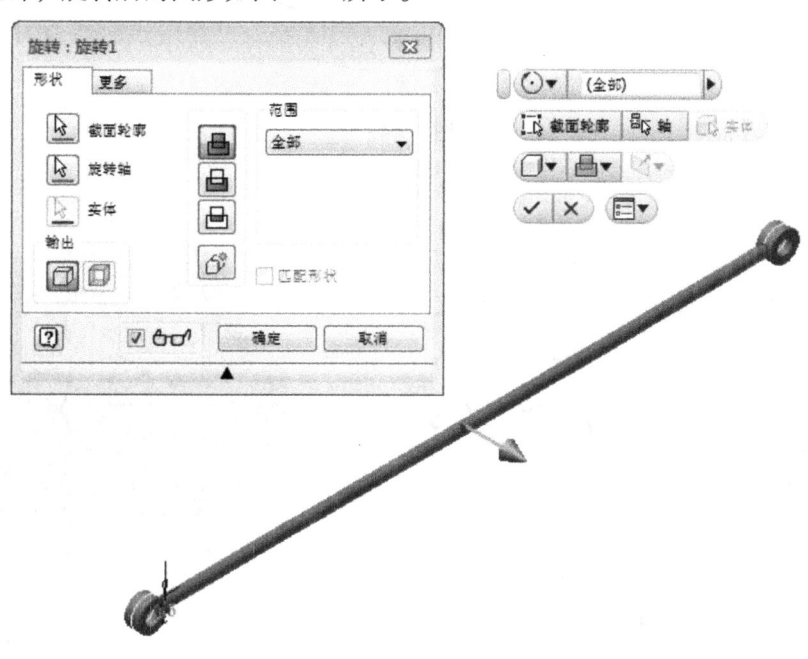

图 9-48

步骤15：旋钮的设计。选中XY平面，创建用于拉伸的草图，如图9-49所示。

步骤16：单击模型面板上的 拉伸 按钮，选择拉伸截面，在范围中选择距离并设置为"10mm"，单击方向1按钮，设置拉伸方式为 （新建实体），如图9-50所示。

步骤17：选中最前端平面创建用于拉伸的草图，如图9-51所示。

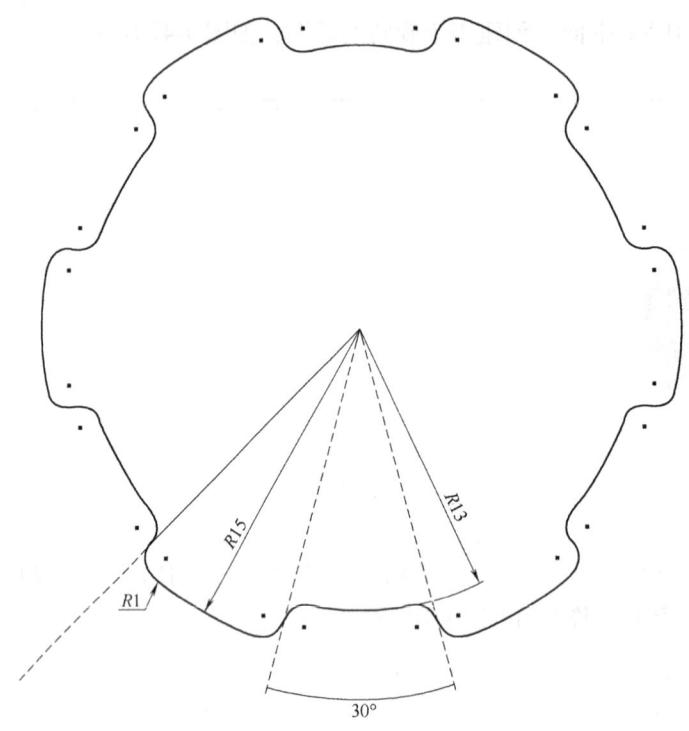

图 9-49

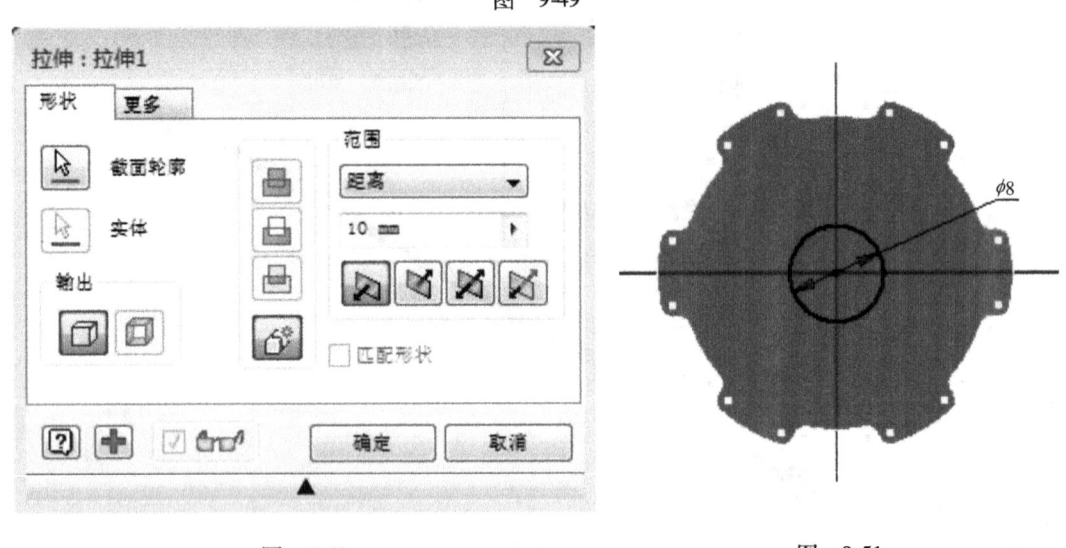

图 9-50　　　　　　　　　　　　　图 9-51

步骤 18：单击模型面板上的 拉伸 按钮，选择拉伸截面，在范围中选择距离并设置为"2mm"，再单击方向 1 按钮，设置拉伸方式为（求并），如图 9-52 所示。

步骤 19：选中最前端平面创建用于拉伸的草图，如图 9-53 所示。

步骤 20：单击模型面板上的 拉伸 按钮，选择拉伸截面，在范围中选择距离并设置为

"14mm"，再单击方向1按钮，设置拉伸方式为（求并），如图9-54所示。

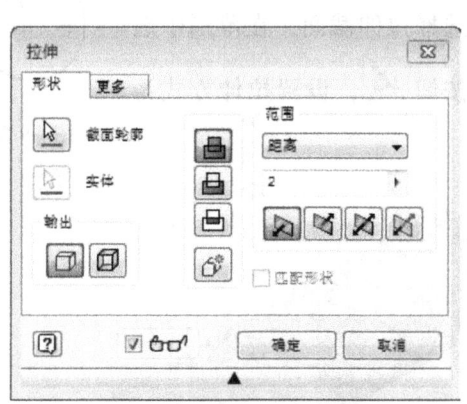
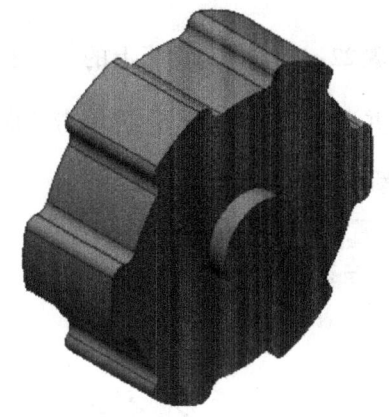

图 9-52

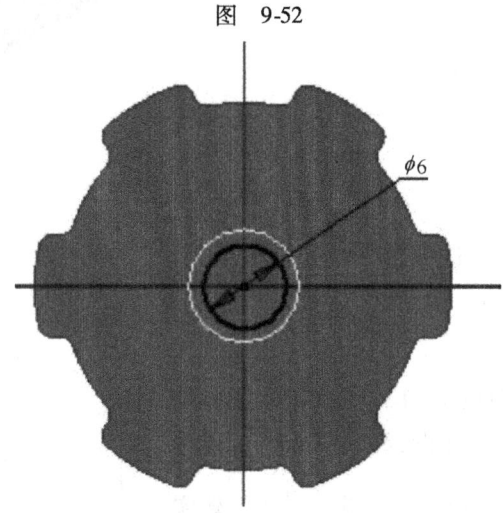

图 9-53

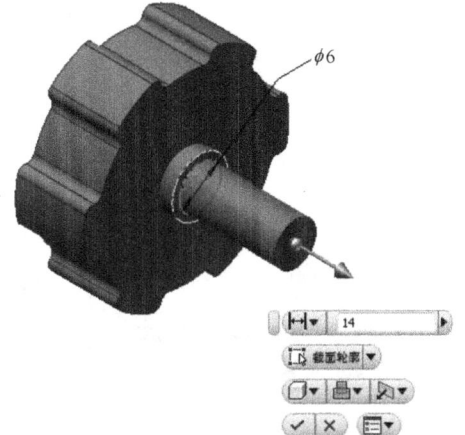

图 9-54

步骤21：轴的设计。选中 XY 平面，创建用于拉伸的草图，如图 9-55 所示。

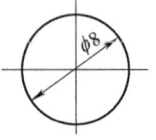

步骤22：单击模型面板上的 拉伸 按钮，选择拉伸截面，在范围中选择距离并设置为"38mm"，再单击双向拉伸按钮，设置拉伸方式为（新建实体），如图 9-56 所示。

图 9-55

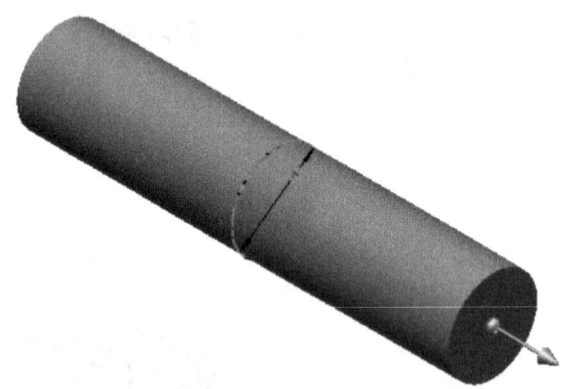

图 9-56

步骤23：开关的设计。选中 XY 平面，创建用于拉伸的草图，如图 9-57 所示。

步骤24：单击模型面板上的 拉伸 按钮，选择拉伸截面，在范围中选择距离并设置为"3mm"，再单击双向拉伸按钮，设置拉伸方式为（新建实体），如图 9-58 所示。

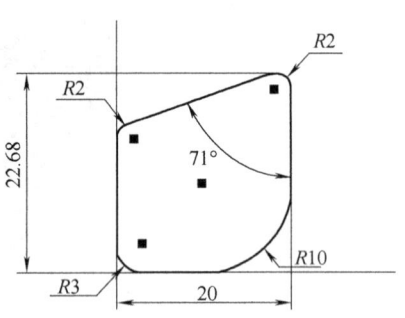

图 9-57

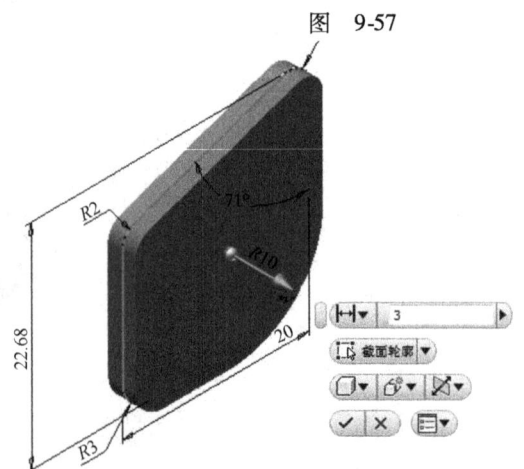

图 9-58

步骤25：单击模型面板上的 按钮，选择实体最前边，如图9-59所示。

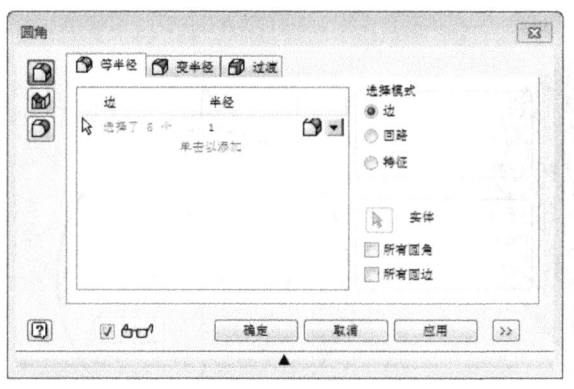

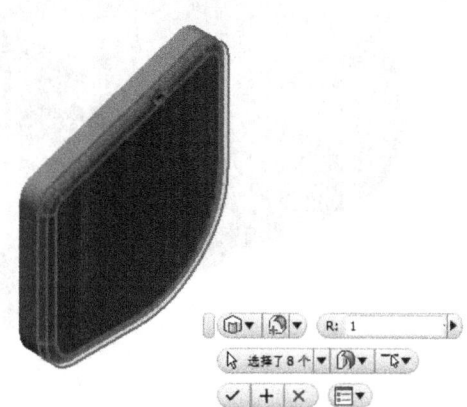

图 9-59

步骤26：底杆的设计。选中XY平面，创建用于拉伸的草图，如图9-60所示。

步骤27：单击模型面板上的 拉伸 按钮，选择拉伸截面，在范围中选择距离并设置为"22mm"，再单击对称按钮，设置拉伸方式为（新建实体），如图9-61所示。

步骤28：单击模型面板上的 按钮，选中XZ平面，按住鼠标左键拖动，输入数值"-16"，如图9-62所示。

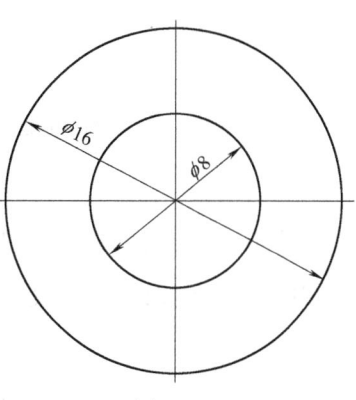

图 9-60

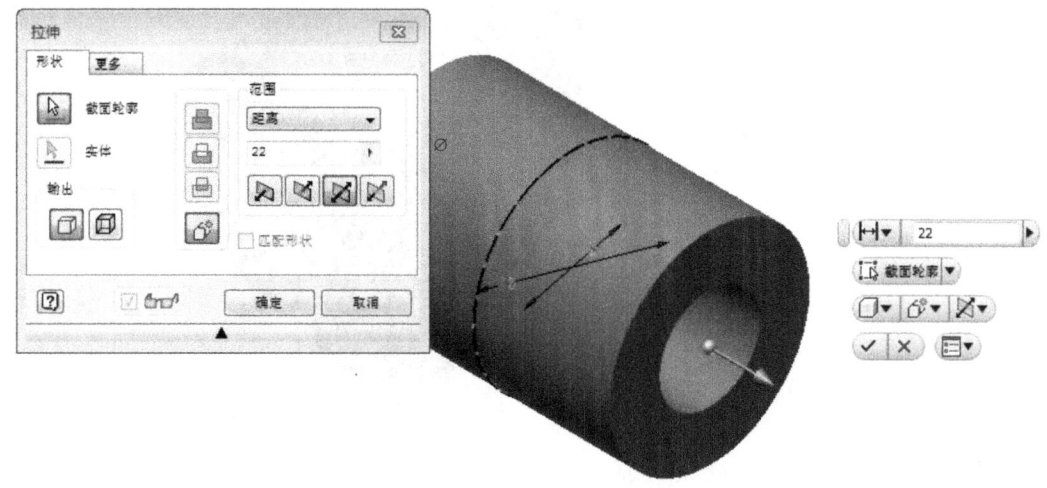

图 9-61

步骤29：选中新建立的工作平面上用于拉伸的草图，如图9-63所示。

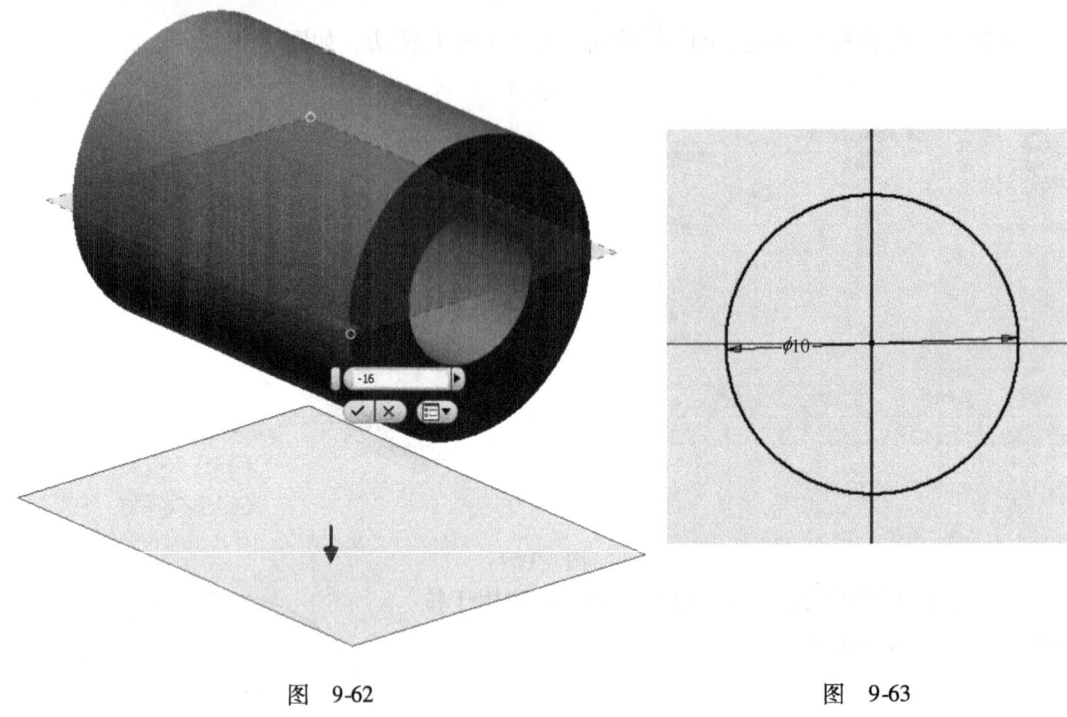

图 9-62　　　　　　　　　　　　　　　图 9-63

步骤30：单击模型面板上的 拉伸 按钮，选择拉伸截面，在范围中选择"到表面或平面"；单击方向1按钮，设置拉伸方式为（求并），如图9-64所示。

图 9-64

步骤31：选中最下平面创建用于拉伸的草图，如图9-65所示。

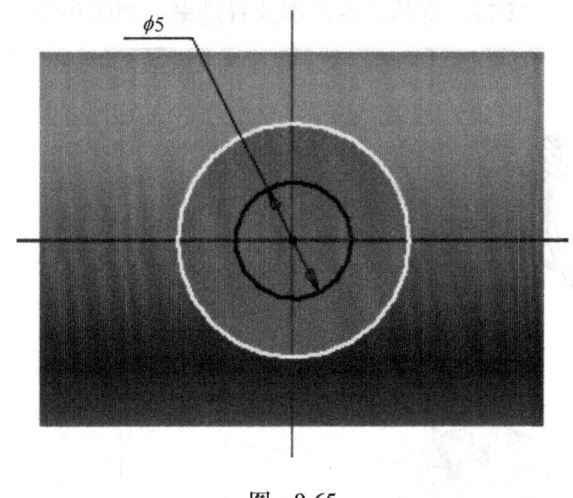

图 9-65

步骤32：单击模型面板上的 拉伸 按钮，选择拉伸截面，在范围中选择距离并设置为"5mm"，再单击方向1按钮，设置拉伸方式为（求并），如图9-66所示。

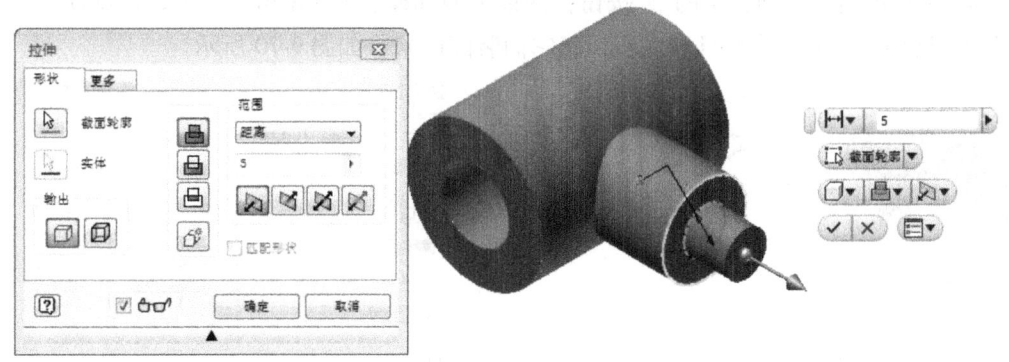

图 9-66

任务四　工作灯的装配设计

【任务要求】　根据如图9-67所示图样，进行工作灯的装配设计。
【任务实施】

步骤1：新建部件文件。单击"新建文件"选项卡里面的部件按钮 Standard.iam。

步骤2：单击装配面板上的 按钮，先将底座放置进来（小提示：首先放置进来的实体将会被固定）。

步骤3：再次单击 放置 按钮，将其余零件都放置进来，如图9-68所示。

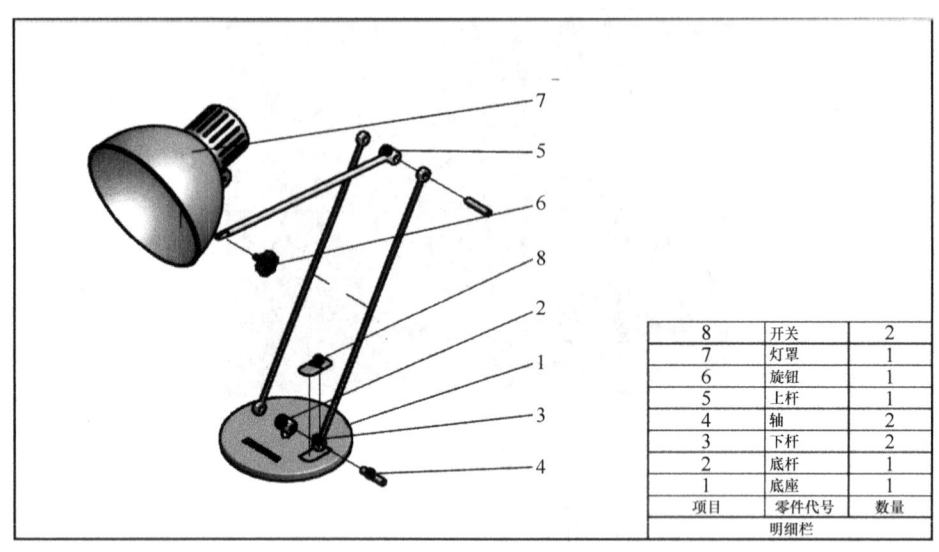

图 9-67

步骤4：单击装配面板上的 约束 按钮，约束类型选择 ▭（配合），按图9-69所示设置放置约束选项卡，并选中底杆和底座，将它们装配起来，如图9-70所示。

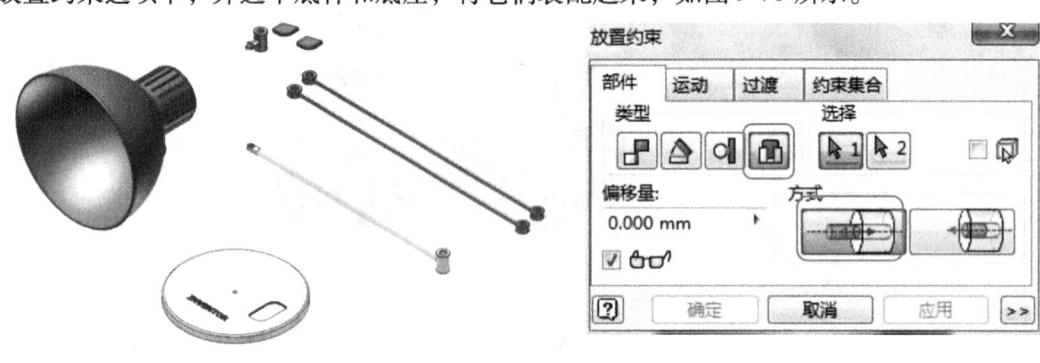

图 9-68　　　　　　　　　　　图 9-69

步骤5：用同样的方法将下杆装配上去，如图9-71所示。

图 9-70

图 9-71

步骤6：用插入命令将上杆装配好，如图9-72所示。
步骤7：将所有零部件都装配上去，如图9-73所示。
步骤8：检查并保存文件。

图 9-72

图 9-73

项目五　电吹风的设计

【项目要求】　根据给定的电吹风工程图，建立如图 10-1 所示电吹风的部件模型。

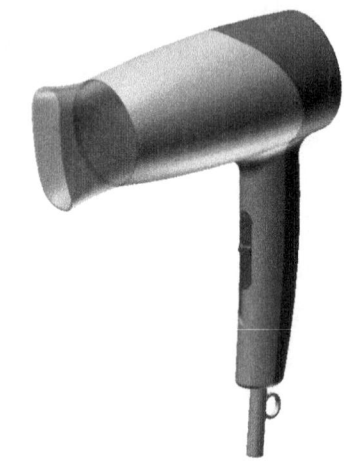

图　10-1

【项目分析】

一、部件结构分析

电吹风整体结构如图 10-2 所示。

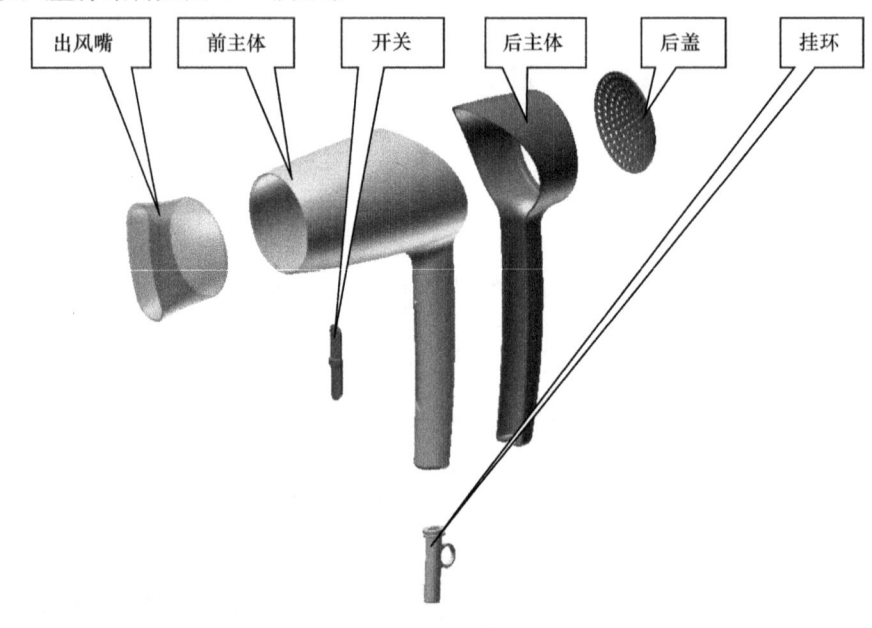

图　10-2

二、部件整体建模分析

电吹风主体部分采用多实体建模生成零件,其他部分采用单独零件建模,然后进行整体部件装配的方法,其部件装配建模流程如图 10-3 所示。

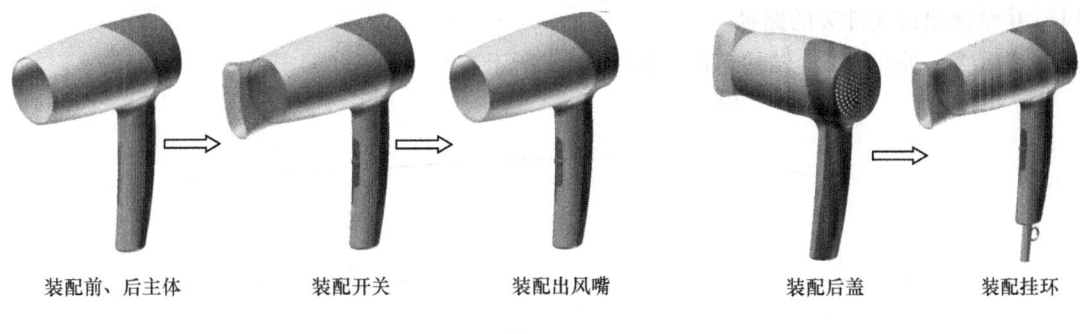

装配前、后主体　　　装配开关　　　装配出风嘴　　　装配后盖　　　装配挂环

图　10-3

任务一　前、后主体和开关的设计

【任务要求】　根据如图 10-4 所示图样,建立前、后主体和开关的三维模型。

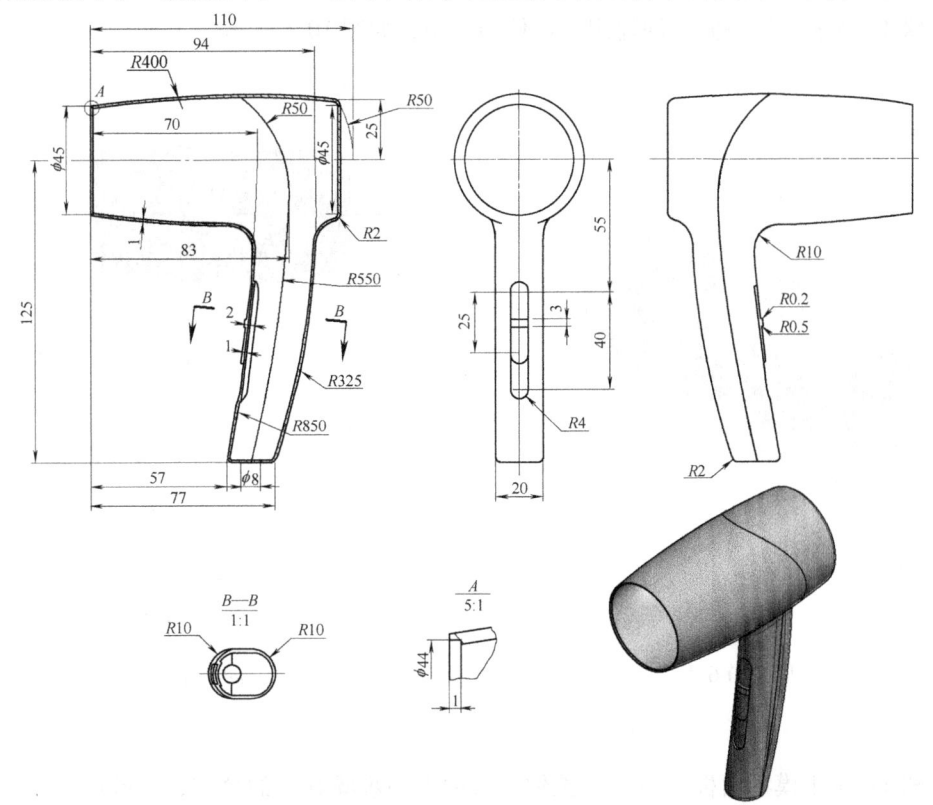

图　10-4

【任务实施】

步骤1：选择"快速入门"命令，单击"启动"面板中的"项目"选项，打开项目编辑器。单击"新建"按钮，弹出"新建项目向导"对话框，在项目向导里选择"新建单用户项目"命令，然后单击"下一步"按钮，在弹出的向导对话框中输入名称：电吹风，并设置项目文件夹的路径。

步骤2：创建用于旋转的草图，如图 10-5 所示。

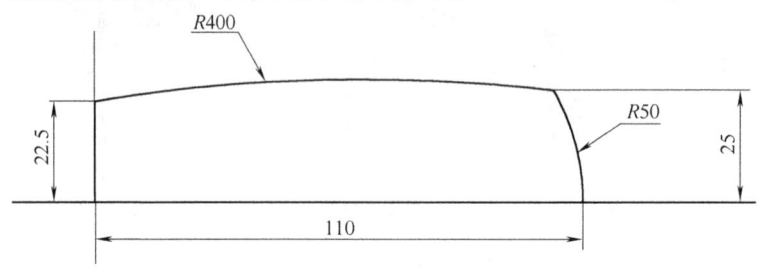

图 10-5

步骤3：单击模型面板上的 旋转 按钮，软件会自动选中上一步骤画好的草图，旋转轴选择草图的中心线，在范围中选择"全部"。完成后的图形如图 10-6 所示。

步骤4：选择 XY 平面，创建用于拉伸的草图，如图 10-7 所示。

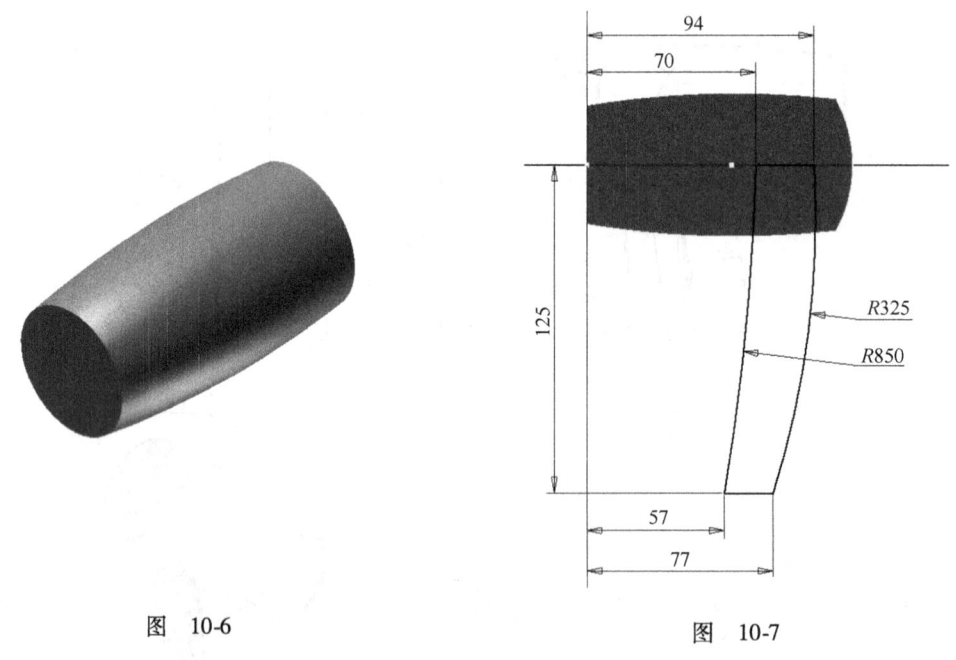

图 10-6　　　　　　　　　　图 10-7

步骤5：单击模型面板上的 拉伸 按钮，选中上一步骤画好的草图，在范围中选择距离并设置为"20mm"，选择 （对称），拉伸方式选择 （求并）。完成后的图形如图10-8 所示。

步骤6：单击模型面板上的 圆角 按钮，参考工程图，分别创建半径为10mm和2mm的圆角。完成后的图形如图10-9所示。

图 10-8

图 10-9

步骤7：单击模型面板上的 加厚/偏移 按钮，选择如图10-10所示的外表面，设置距离为"0mm"，生成曲面（待用）。

步骤8：再次单击模型面板上的 加厚/偏移 按钮，选择如图10-11所示的外表面，设置距离为"1mm"，方向选择 ，生成曲面。

图 10-10

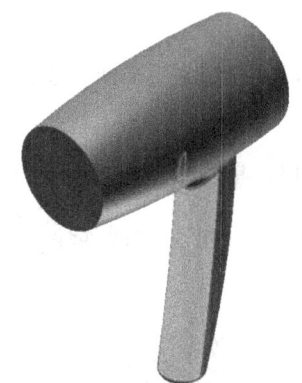

图 10-11

步骤9：选择YZ平面，创建如图10-12所示的草图。

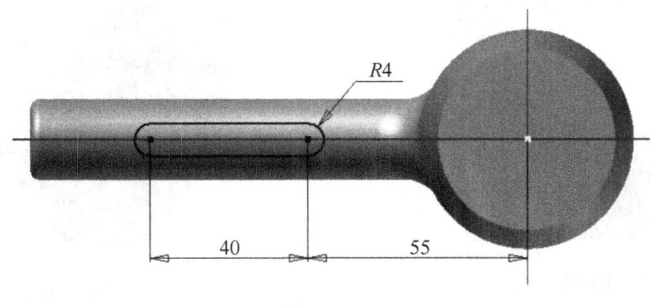

图 10-12

步骤 10：单击模型面板上的 拉伸 按钮，选中上一步骤画好的草图，在范围中选择"到"，并选择步骤 8 创建的曲面，拉伸方式选择为 ▣（求差）。完成后的图形如图 10-13 所示。

步骤 11：单击模型面板上的 抽壳 按钮，选择如图 10-14a 所示的平面，并选择 ▣（向内），厚度设置为"1mm"。完成后的效果如图 10-14b 所示。

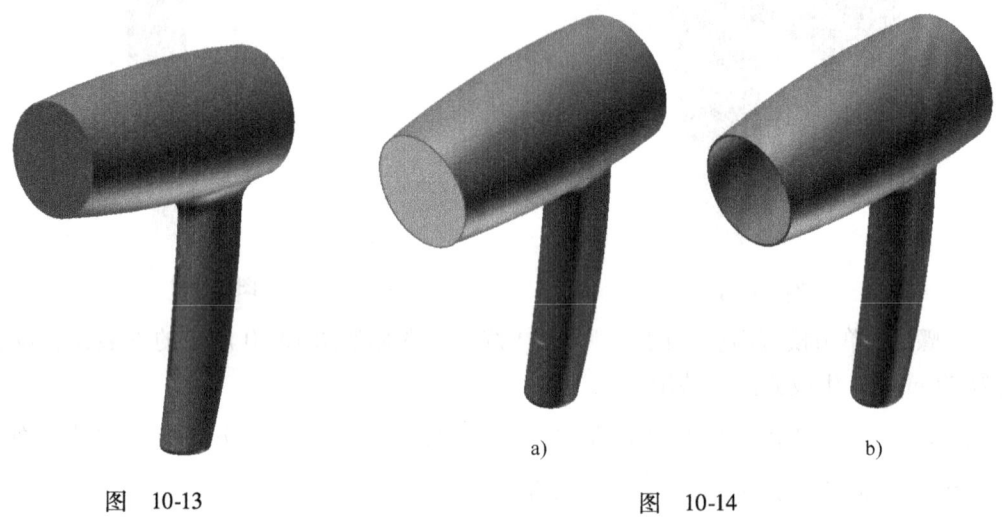

图 10-13　　　　　　　　　　　图 10-14

步骤 12：选择 XY 平面，创建如图 10-15 所示的草图。

步骤 13：单击模型面板上的 拉伸 按钮，选中上一步骤画好的草图，在范围中选择距离并设置为"1mm"，方向选择 ▣，拉伸方式选择为 ▣（求差）。完成后的图形如图 10-16 所示。

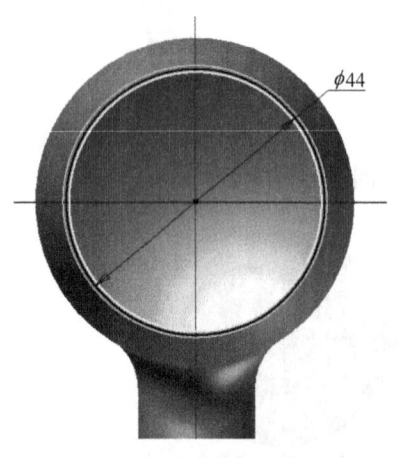

图 10-15　　　　　　　　　　　图 10-16

步骤14：单击工作平面按钮 ![平面]，选择 XY 平面和后部旋转球面，如图 10-17 所示，创建工作平面。在这个工作平面上创建用于拉伸的草图，如图 10-18 所示。

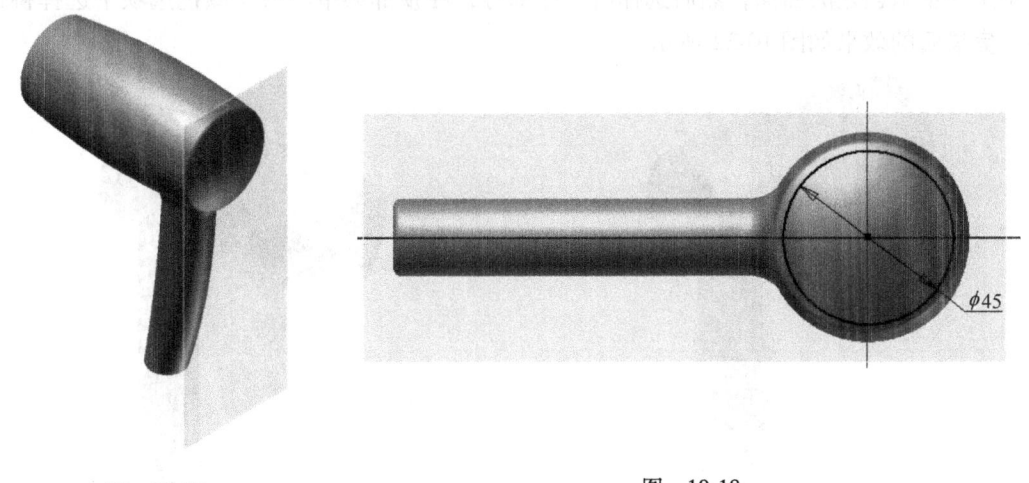

图　10-17　　　　　　　　　　　　　图　10-18

步骤15：单击模型面板上的 ![拉伸] 按钮，选中上一步骤画好的草图，在范围中选择距离并设置为"10mm"，方向选择 ![图标]，拉伸方式选择为 ![图标]（求差）。完成后的图形如图 10-19 所示。

步骤16：选择 YZ 平面，创建如图 10-20 所示的草图。

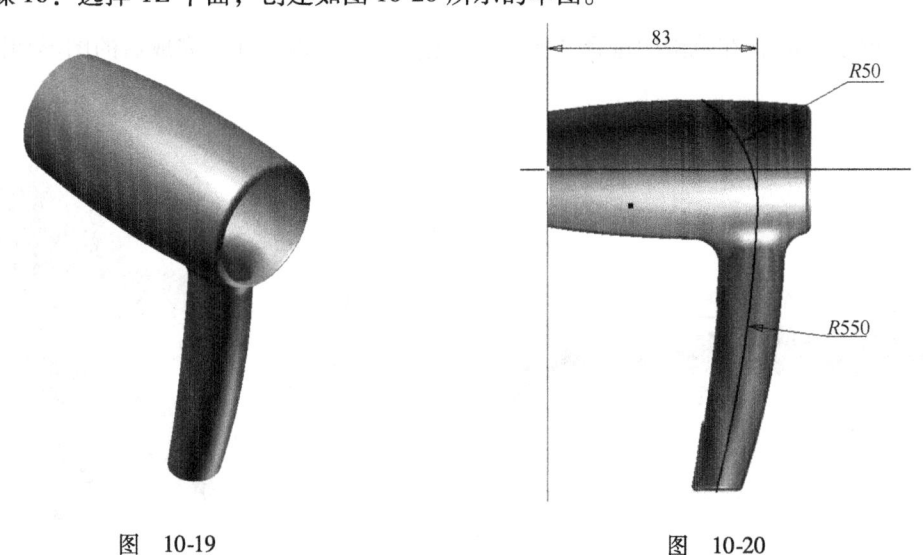

图　10-19　　　　　　　　　　　　　图　10-20

步骤17：单击模型面板上的 ![拉伸] 按钮，输出选择 ![图标]（曲面），选中上一步骤画好的草图，在范围中选择距离并设置为"80mm"，选择 ![图标]（对称），生成如图 10-21 所示的曲面。

步骤18：单击模型面板上的 分割 按钮，分割方式选择为分割实体，分割工具选中上一步骤创建的曲面，然后选择后主体部分，在顶部菜单的材料颜色选项中选择桃红色。完成后的效果如图10-22所示。

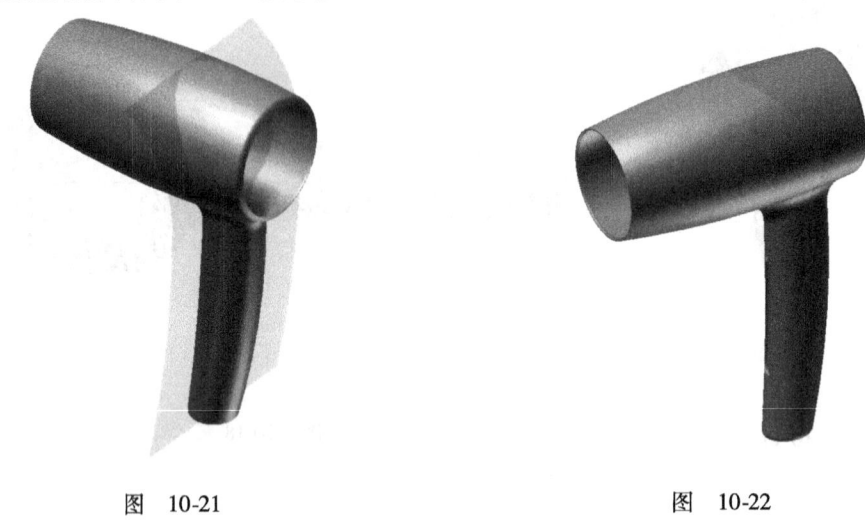

图 10-21　　　　　　　　　　　　　　图 10-22

步骤19：选择XY平面，创建如图10-23所示的草图。

步骤20：单击模型面板上的 拉伸 按钮，选中上一步骤画好的草图，拉伸方式选择为 （新建实体），在范围中选择"到"，并选择开关槽内表面。完成后的图形如图10-24所示。

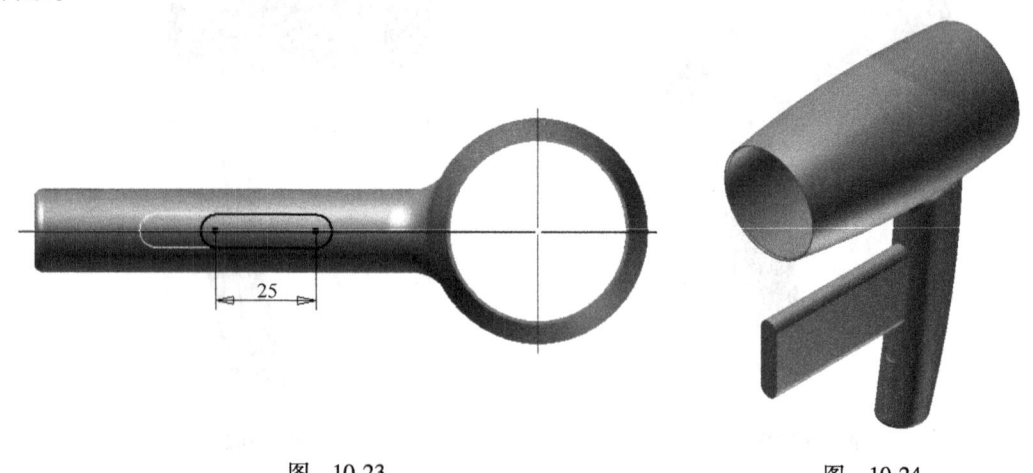

图 10-23　　　　　　　　　　　　　　图 10-24

步骤21：单击模型面板上的 分割 按钮，分割方式选择为修剪实体，分割工具选择步骤7创建的曲面，删除方向 。完成后的效果如图10-25所示。

步骤22：选择XY平面，创建如图10-26所示的草图。

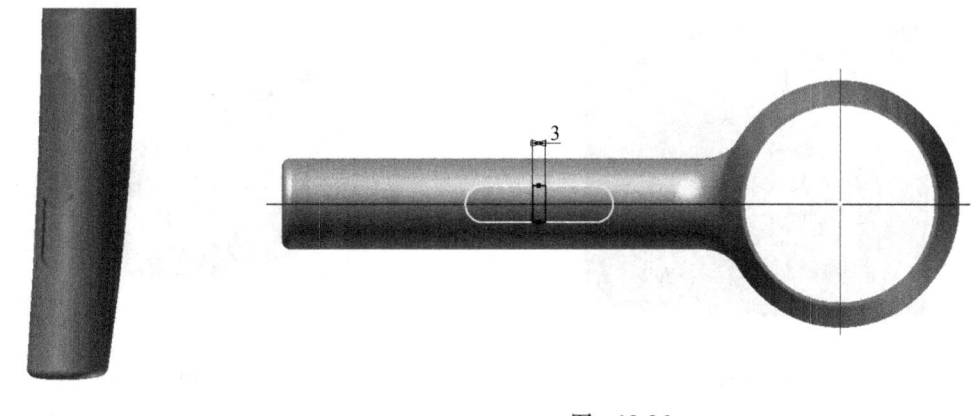

图　10-25　　　　　　　　　　　　　　　图　10-26

步骤23：单击模型面板上的 凸雕 按钮，截面轮廓选择上一步骤所建的草图，深度设置为"1mm"，选择 ▭ （从面凸雕），方向选择 ◩ 。完成后的图形如图10-27所示。

步骤24：单击模型面板上的 圆角 按钮，参考工程图，在开关上分别创建半径为0.5mm和0.2mm的圆角。完成后的图形如图10-28所示。

图　10-27　　　　　　　　　　　　　　　图　10-28

步骤25：选择手柄底面，创建如图10-29所示的草图。

步骤26：单击模型面板上的 拉伸 按钮，选中上一步骤画好的草图，实体选择前、后主体，在范围中选择距离并设置为"1mm"，方向选择 ◩ ，拉伸方式选择为 ▭ （求差）。完成后的图形如图10-30所示。

步骤27：仔细检查之后，保存实体，文件名为主体。

步骤28：选择管理面板，单击 生成零件 按钮，在左侧的对话框中展开实体，选择前主体，在状态下单击按钮 ⊞ （衍生选定的对象），将零件名称改为前主体，取消勾选目标部件中的放置零件，单击"确定"按钮。生成的前主体零件如图10-31所示。单击"保存"按钮,完成前主体零件的创建。

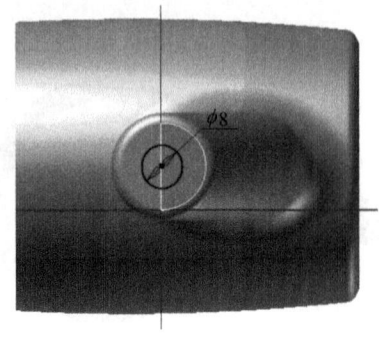 

图 10-29　　　　　　　　　　　　图 10-30

步骤29:用相同的方法完成后主体和开关零件的创建,并保存,完成后的零件如图10-32所示。

 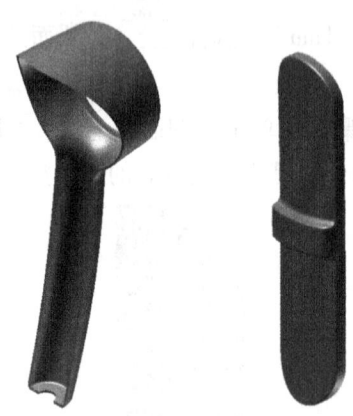

图 10-31　　　　　　　　　　　　图 10-32

任务二　出风嘴的设计

【**任务要求**】　根据如图10-33所示图纸,建立出风嘴的三维模型。

【**任务实施**】

步骤1:创建如图10-34所示的草图。

步骤2:单击工作平面按钮 平面,选择XY平面,按住鼠标左键向上拖动XY平面,输入距离"30mm",创建工作平面。在这个工作平面上创建如图10-35所示的草图。

步骤3:选择YZ平面,创建二维草图,投射上一步骤绘制的草图,绘制如图10-36所示的草图。

步骤4:单击模型面板上的 放样按钮,截面选择为步骤1、2创建的草图,再单击轨道下的"单击以添加"选项 , 依次选择步骤3绘制的两条圆弧, 再单击"确定"按钮。完成后的效果如图10-37所示。

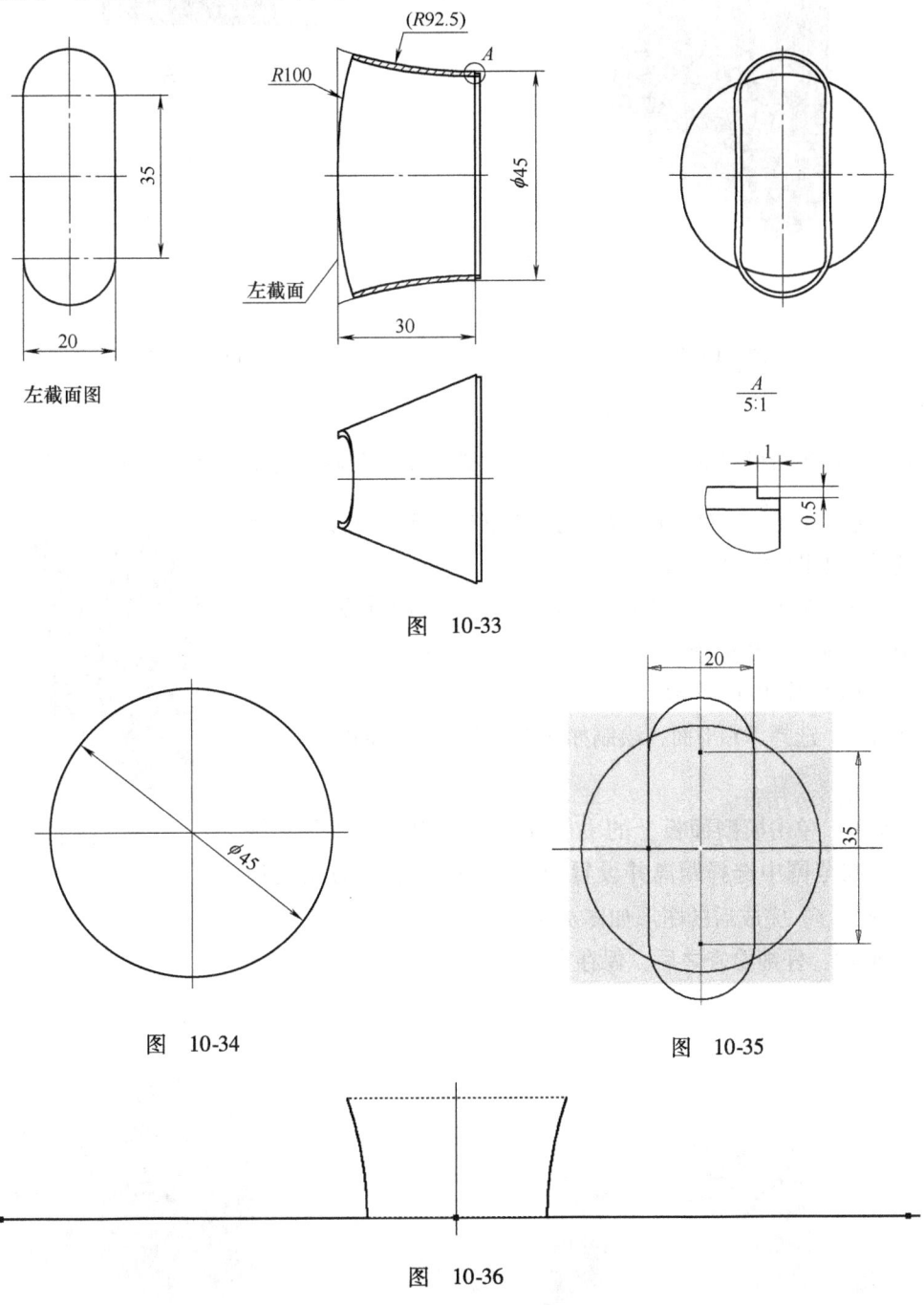

图 10-33

图 10-34

图 10-35

图 10-36

步骤5：选择YZ平面，绘制如图10-38所示的草图。

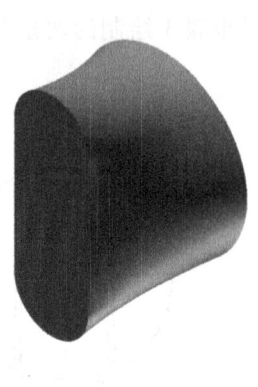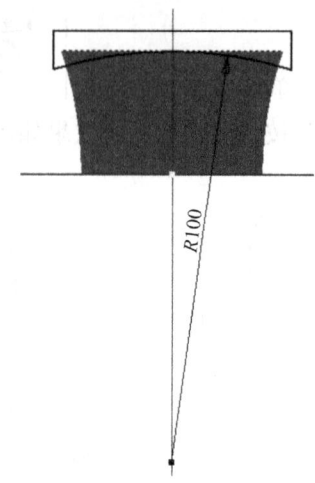

图 10-37　　　　　　　　　　　　　　　图 10-38

步骤6：单击模型面板上的 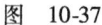 拉伸 按钮，选中上一步骤画好的草图，在范围中选择"贯通"，方向选择 （对称），拉伸方式选择为 ☐（求差）。完成后的图形如图10-39 所示。

步骤7：单击模型面板上的 抽壳 按钮，开口面选择两表面，如图10-40 所示，并选择 （向内），厚度设置为"1mm"。完成后的图形如图10-41 所示。

步骤8：选择XY平面，绘制如图10-42 所示的草图。

步骤9：单击模型面板上的 拉伸 按钮，选中上一步骤画好的草图，在范围中选择距离并设置为"1mm"，拉伸方式选择为 ☐（求并）。完成后的图形如图10-43 所示。

步骤10：仔细检查之后，保存实体，文件名为出风嘴。

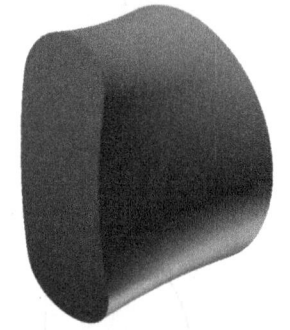

图 10-39

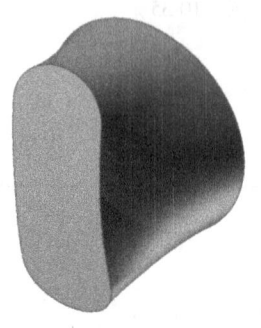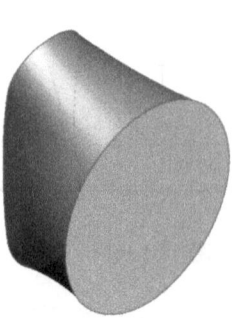　　　　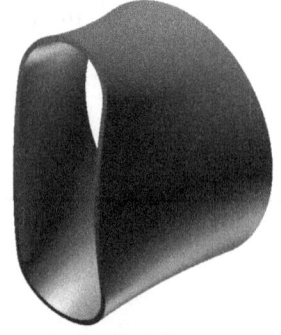

图 10-40　　　　　　　　　　　　　　　图 10-41

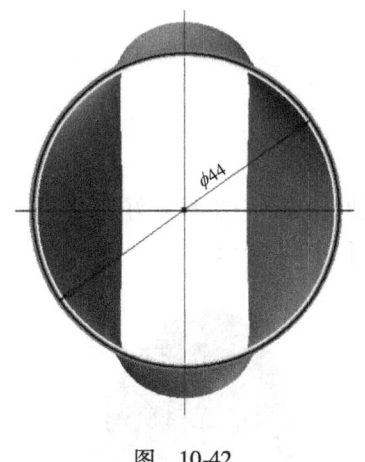

图 10-42　　　　　　　　　　　　　　图 10-43

任务三　后盖、挂环的设计

【任务要求】　根据如图 10-44 和图 10-45 所示图样，分别建立后盖和挂环的三维模型。

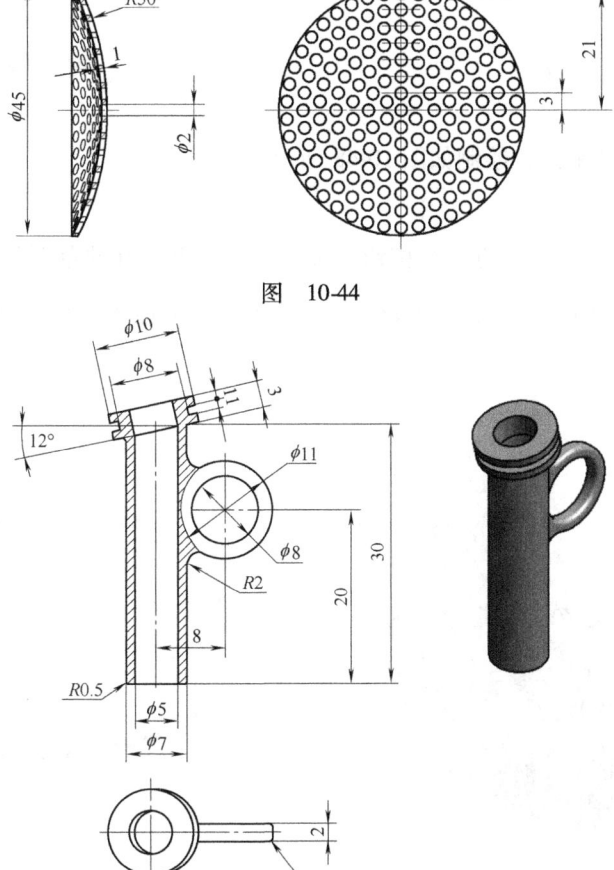

图 10-44

图 10-45

【任务实施】
1. 后盖的设计

步骤1：创建用于旋转的草图，如图10-46所示。

步骤2：单击模型面板上的 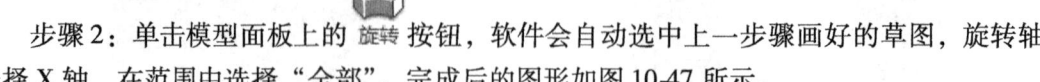 旋转 按钮，软件会自动选中上一步骤画好的草图，旋转轴选择X轴，在范围中选择"全部"。完成后的图形如图10-47所示。

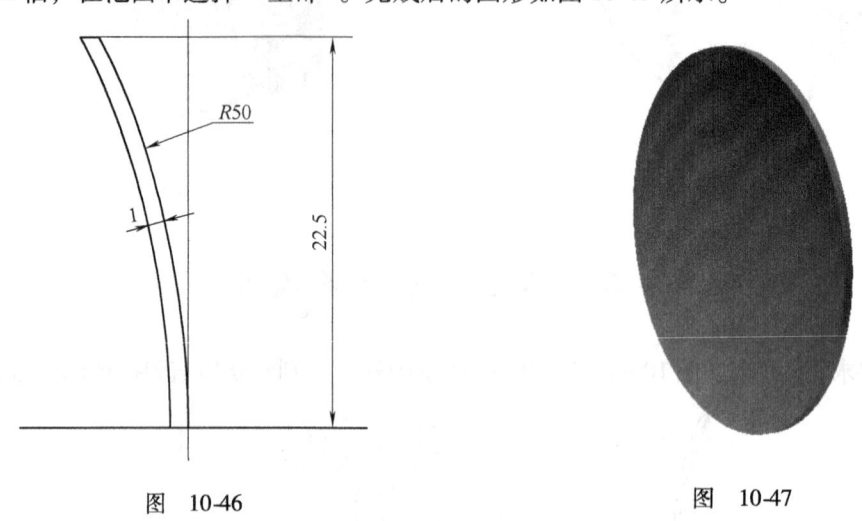

图 10-46　　　　　　　　　　　图 10-47

步骤3：选择XZ平面，绘制如图10-48所示的草图。

步骤4：单击模型面板上的 拉伸 按钮，选中上一步骤画好的草图的中心圆，在范围中选择距离并设置为"10mm"，方向选择 ，拉伸方式选择为 （求差）。完成后的图形如图10-49所示。

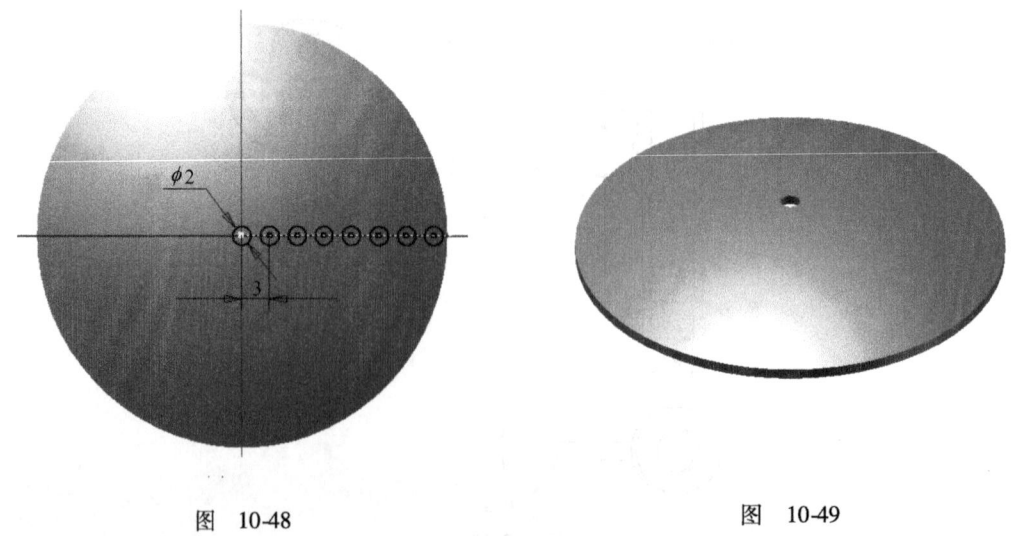

图 10-48　　　　　　　　　　　图 10-49

步骤5：展开浏览器模型树里的上一步骤拉伸特征，用鼠标右键单击草图，再单击共享草图，使草图共享。单击模型面板上的 拉伸 按钮，选中共享草图中心圆旁边的一个圆，在范围中选择"距离"并设置为"10mm"；方向选择 ，拉伸方式选择为 （求差）。完成后的图形如图10-50所示。

步骤6：单击模型面板上的环形阵列按钮 ，选择上一步骤创建的拉伸特征，旋转轴选择Y轴，环形阵列数量 放置6个；环形阵列夹角 设为360deg。完成后的图形如图10-51所示。

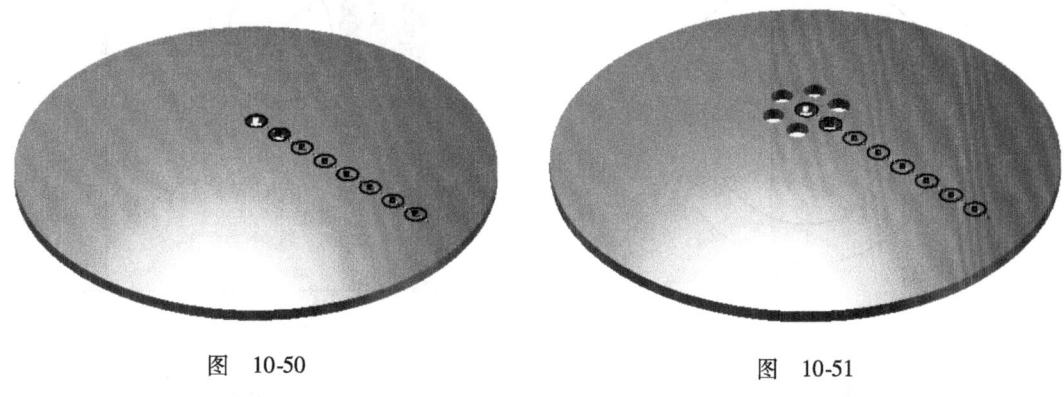

图 10-50　　　　　　　　　　　图 10-51

步骤7：单击模型面板上的 拉伸 按钮，选中共享草图中中心圆外的第三个圆，在范围中选择距离并设置为"10mm"，方向选择 ，拉伸方式选择为 （求差）。

步骤8：单击模型面板上的环形阵列按钮 ，选择上一步骤创建的拉伸特征，旋转轴选择Y轴，放置 12个； 360deg，完成后的图形如图10-52所示。

步骤9：重复以上步骤，阵列圆孔数量依次为18、24、30、36、42。完成后的效果如图10-53所示。

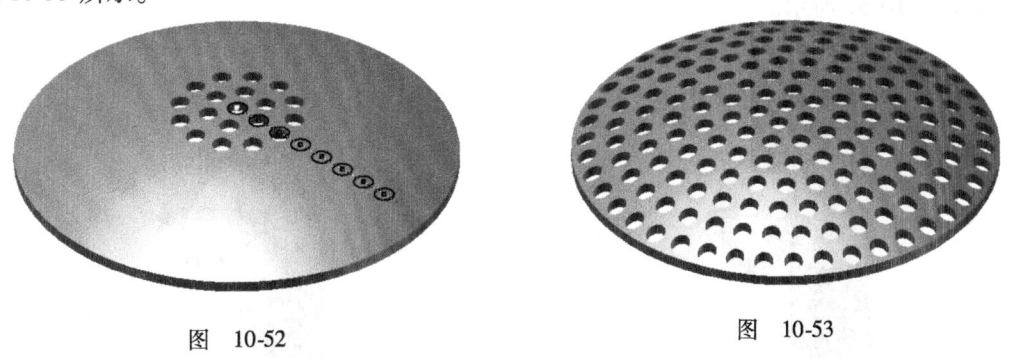

图 10-52　　　　　　　　　　　图 10-53

步骤10：仔细检查之后，保存实体，文件名为后盖。

2. 挂环的设计

步骤1：创建用于拉伸的草图，如图10-54所示。

步骤2：单击模型面板上的 拉伸 按钮，软件自动选中上一步骤画好的草图，在范围中选择距离并设置为"30mm"。

步骤3：选择XZ平面，绘制如图10-55所示的草图。

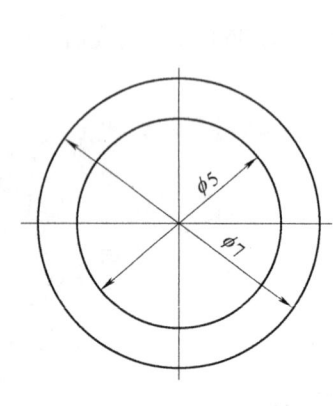

图 10-54　　　　　　　　　　　　　图 10-55

步骤4：单击模型面板上的 拉伸 按钮，选中上一步骤画好的草图，在范围中选择距离并设置为"2mm"，选择 ☒（对称），拉伸方式选择为 ▣（求并）。完成后的图形如图10-56所示。

步骤5：单击模型面板上的 圆角 按钮，参考工程图，创建半径为2mm的圆角。完成后的图形如图10-57所示。

图 10-56　　　　　　　　　　　　　图 10-57

步骤 6：选择 XZ 平面，绘制如图 10-58 所示的草图。

步骤 7：单击模型面板上的 拉伸 按钮，选中上一步骤画好的草图，在范围中选择距离，并设置为"16mm"，选择 ☒（对称），拉伸方式选择为 ☐（求差）。完成后的图形如图 10-59 所示。

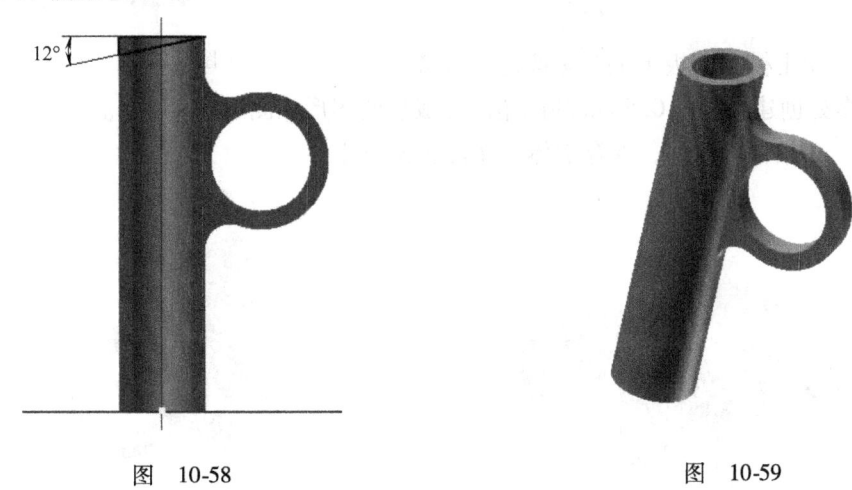

图 10-58　　　　　　　　　　　　　图 10-59

步骤 8：选择圆管上平面，绘制如图 10-60 所示的草图。

步骤 9：单击模型面板上的 拉伸 按钮，选择绘制的草图，在范围中选择距离并设置为"1mm"，拉伸方式选择为 ☐（求并），完成后的图形如图 10-61 所示。

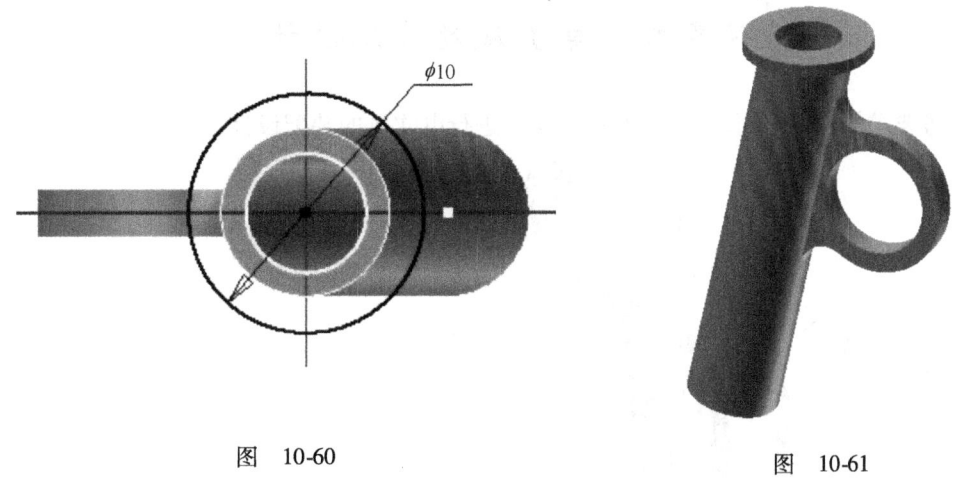

图 10-60　　　　　　　　　　　　　图 10-61

步骤 10：选择圆柱的上表面，绘制如图 10-62 所示的草图。单击模型面板上的 拉伸 按钮，选择刚绘制的草图，在范围中选择距离并设置为"1mm"，拉伸方式选择为 ☐（求并）。

步骤 11：选择圆柱上上一步骤拉伸的上表面，绘制如图 10-63 所示的草图。单击模型面板上的 拉伸 按钮，选择刚绘制的草图，在范围中选择距离并设置为"1mm"，拉伸方式选择为 （求并）。

步骤 12：单击模型面板上的 圆角 按钮，参考工程图，在多处创建半径为 0.5mm 的圆角。完成后的图形如图 10-64 所示。

步骤 13：仔细检查之后，保存实体，文件名为挂环。

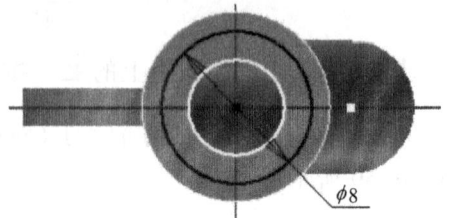

图 10-62

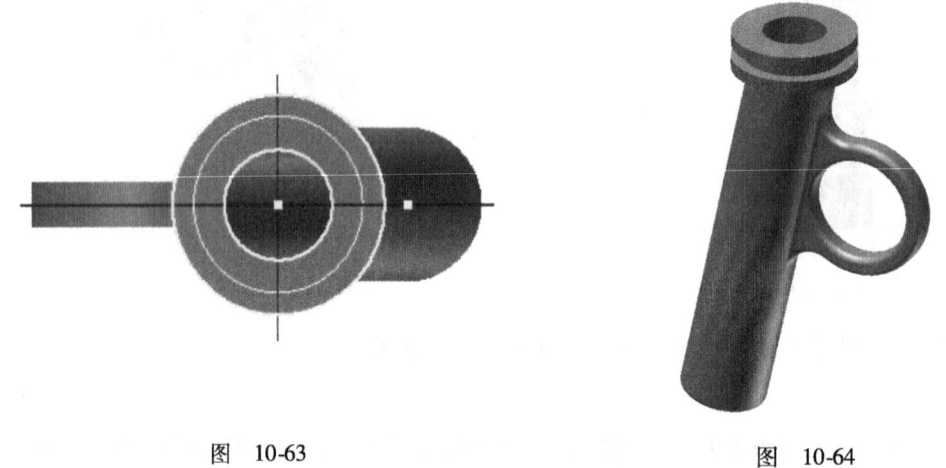

图 10-63　　　　　　　　　　图 10-64

任务四　　电吹风的装配设计

【任务要求】 根据如图 10-65 所示图样，进行电吹风的装配设计。

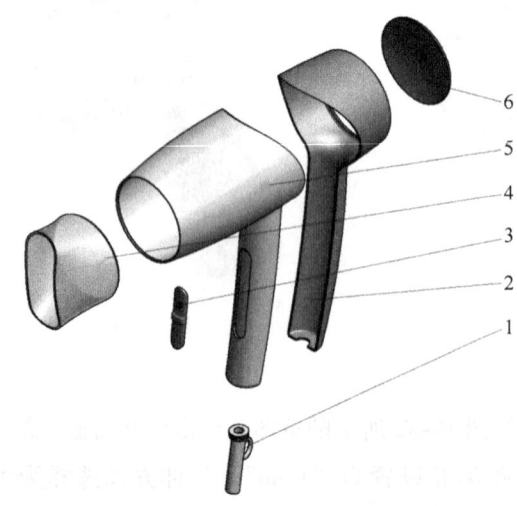

图 10-65

6	后盖	1	
5	前主体	1	
4	出风嘴	1	
3	开关	1	
2	后主体	1	
1	挂环	1	
序号	名称	数量	备注

【任务实施】

步骤1：新建部件文件。单击"新建文件"选项卡里面的部件按钮 Standard.iam 。

步骤2：单击装配面板上的 放置 按钮，先将前主体放置进来。

步骤3：再次单击 放置 按钮，将后主体和开关放置进来，如图10-66所示（提示：可为每个零件设置不同的材料颜色）。

步骤4：单击装配面板上的  按钮，约束类型选择为 （配合），约束方式选择为（配合），选择如图10-67所示的两根旋转轴。

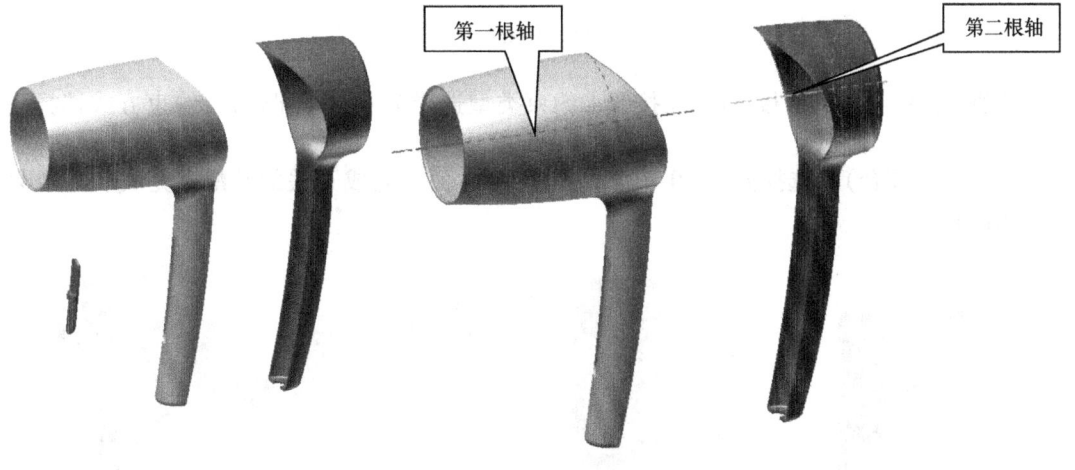

图 10-66　　　　　　　　　　　　　图 10-67

步骤5：单击装配面板上的  按钮，约束类型选择为 （配合），约束方式选择为（配合），选择如图10-68所示的两个曲面，完成前、后主体的装配。

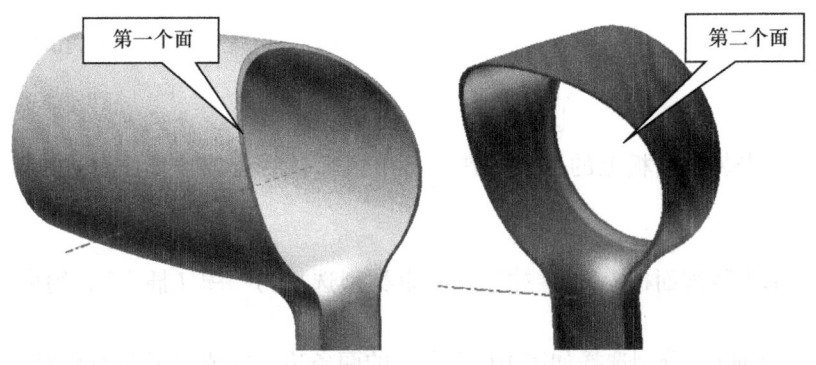

图 10-68

步骤 6：单击装配面板上的  按钮，约束类型选择为 ▣（配合），约束方式选择为 ▣（配合），选择如图 10-69 所示的两个曲面。

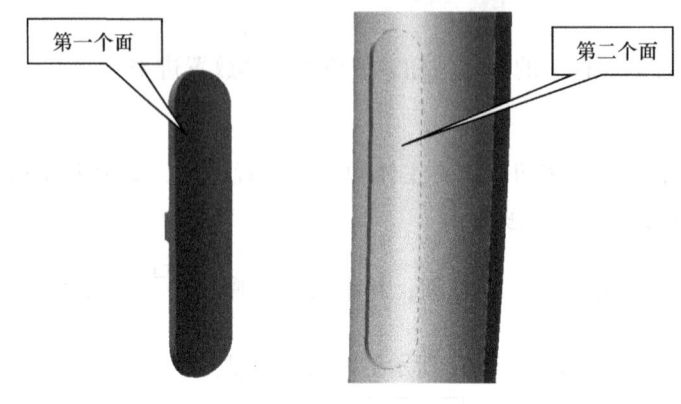

图 10-69

步骤 7：单击装配面板上的 约束 按钮，约束类型选择为 ▣（配合），约束方式选择为 ▣（配合），选择如图 10-70 所示的两个曲面，完成开关的装配。完成后的效果如图 10-71 所示。

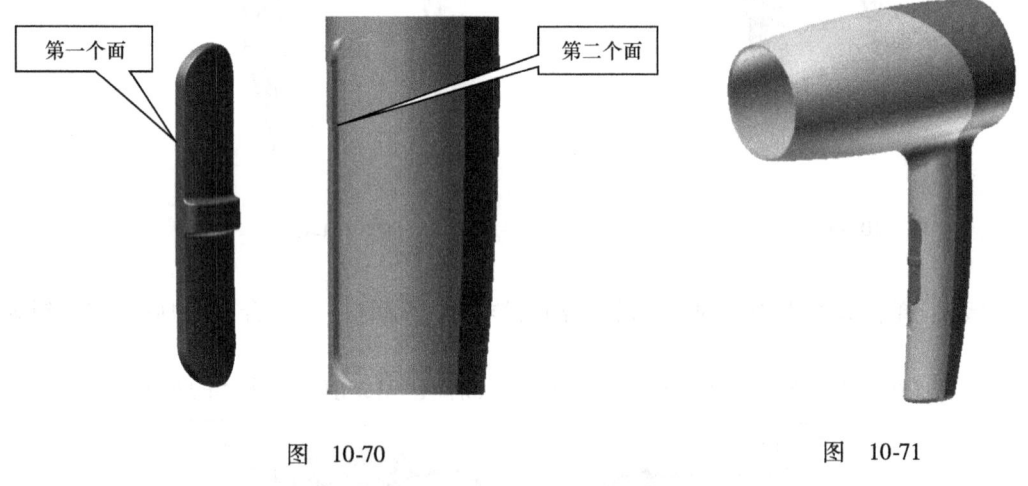

图 10-70　　　　　　　　　　图 10-71

步骤 8：单击装配面板上的 放置 按钮，将出风嘴、后盖和挂环放置进来，如图 10-72 所示。

步骤 9：单击装配面板上的 约束 按钮，约束类型选择为 ▣（插入），约束方式选择为 ▣（反向），分别选择如图 10-73 所示的两条边，完成出风嘴的装配。

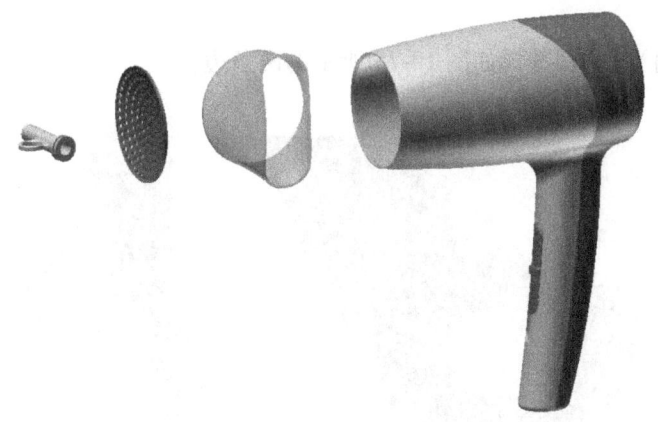

图 10-72

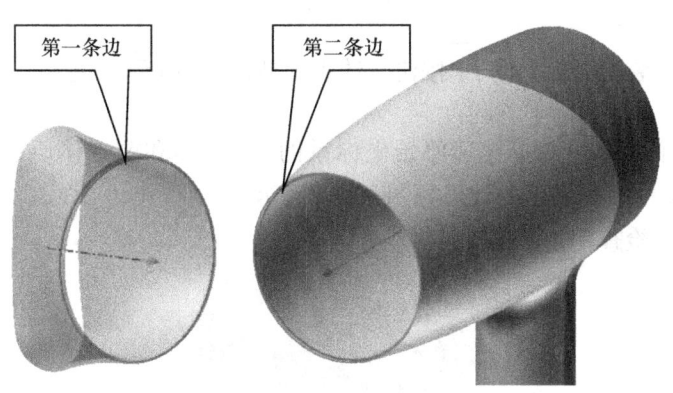

图 10-73

步骤10：单击装配面板上的 约束 按钮，约束类型选择为 （配合），约束方式选择为 （表面平齐），分别选择如图10-74所示的两条边，完成后盖的装配。

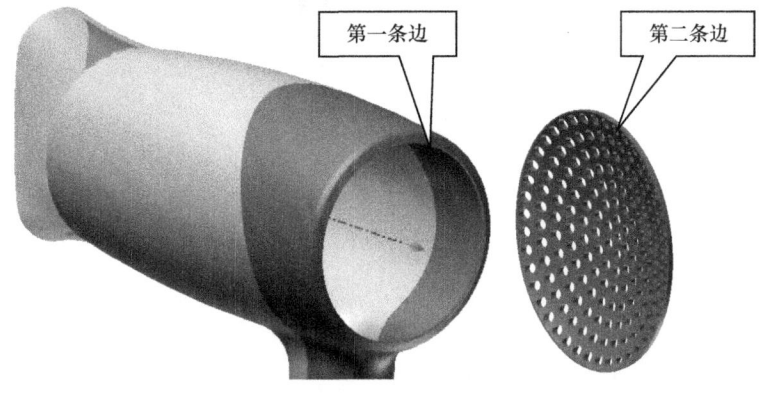

图 10-74

步骤11：单击装配面板上的 约束 按钮，约束类型选择为 （插入），约束方式选择为

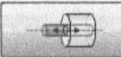（反向），分别选择如图 10-75 所示的两条边。

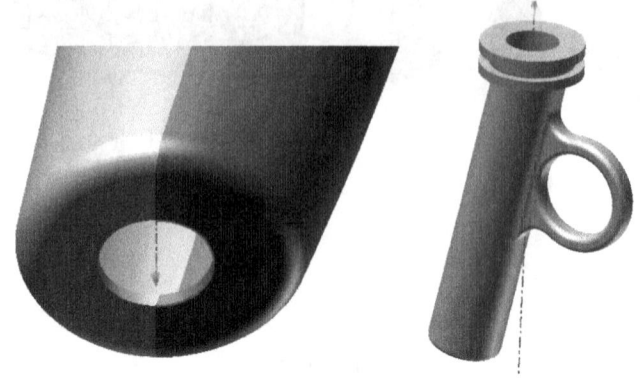

图 10-75

步骤 12：单击装配面板上的 约束 按钮，约束类型选择为 ■ （配合），约束方式选择为 ■ （表面平齐），选择挂环原始坐标系的 XZ 平面和前主体原始坐标系的 XY 平面，完成挂环的装配。完成后的效果如图 10-76 所示。

步骤 13：仔细检查，并保存文件。

图 10-76

参 考 文 献

［1］ Autodesk，inc. Autodesk Inventor 基础培训教程［M］. 北京：电子工业出版社，2014.
［2］ Autodesk，inc. Autodesk Inventor 高级培训教程［M］. 北京：电子工业出版社，2014.
［3］ 赵卫东. Inventor 2011 基础教程与项目指导［M］. 上海：同济大学出版社，2010.
［4］ 王姬. Inventor 软件应用项目训练教程［M］. 北京：高等教育出版社，2012.